21 世纪本科院校土木建筑类创新型应用人才培养规划教材

# 建筑学导论

主　编　裘　鞠　常　悦
副主编　杨雪蕾　张　萌
　　　　张曦元　周春艳
主　审　柳红明

北京大学出版社
PEKING UNIVERSITY PRESS

# 内 容 简 介

本书融合了中西方建筑学基础教学内容，简洁清晰地阐述了建筑学的学科内容及基本理论。在内容安排上，分为关于建筑、建筑设计和建筑的发展趋势三篇，共 8 章，主要内容包括绪论、建筑的演进、何为建筑设计、空间与建筑设计、建筑设计方案的产生与构思、建筑与技术、建筑与城市、建筑设计表达。本书以建筑设计为核心，强化理论与新近实际案例相结合，激发和培养读者对于建筑创作的热情和创造性思维，突出建筑学未来发展所关注的新领域问题，力求突出实用性与时代性，对于学生未来的专业学习和课程设计有积极的辅助作用。

本书既可作为建筑学、城市规划、景观建筑学、环境艺术等专业的教材和教学参考书，也可作为所有与建筑相关专业学科的选修教材和教学参考书，还可为广大建筑爱好者及相关人士打开一扇了解建筑的科普之窗。

**图书在版编目 (CIP) 数据**

建筑学导论/裘鞠，常悦主编．—北京：北京大学出版社，2014.1
（21 世纪本科院校土木建筑类创新型应用人才培养规划教材）
ISBN 978-7-301-23589-8

Ⅰ.①建…　Ⅱ.①裘…②常…　Ⅲ.①建筑学—高等学校—教材　Ⅳ.①TU

中国版本图书馆 CIP 数据核字（2013）第 299802 号

| | |
|---|---|
| 书　　　　名： | 建筑学导论 |
| 著作责任者： | 裘　鞠　常　悦　主编 |
| 策 划 编 辑： | 伍大维 |
| 责 任 编 辑： | 伍大维 |
| 标 准 书 号： | ISBN 978-7-301-23589-8/TU · 0375 |
| 出 版 发 行： | 北京大学出版社 |
| 地　　　　址： | 北京市海淀区成府路 205 号　100871 |
| 网　　　　址： | http://www.pup.cn　　　新浪官方微博:@北京大学出版社 |
| 电 子 邮 箱： | 编辑部 pup6@pup.cn　总编室 zpup@pup.cn |
| 电　　　　话： | 邮购部 010-62752015　发行部 010-62750672　编辑部 010-62750667 |
| 印 刷 者： | 北京虎彩文化传播有限公司 |
| 经 销 者： | 新华书店 |

787 毫米×1092 毫米　16 开本　15.5 印张　357 千字
2014 年 1 月第 1 版　2023 年 9 月第 7 次印刷

定　　　　价：42.00 元

未经许可，不得以任何方式复制或抄袭本书之部分或全部内容。
**版权所有，侵权必究**
举报电话：010-62752024　电子邮箱：fd@pup.cn

# 前　言

　　本书以专业课程教材为载体，以立德树人为根本，从"格物、致知、诚意、正心、修身、齐家、治国、平天下"的中国传统文化角度着眼，结合社会主义核心价值观"富强、民主、文明、和谐、自由、平等、公正、法治、爱国、敬业、诚信、友善"，围绕价值塑造、能力培养、知识传授，通过案例、知识点等素材的设计运用，以润物细无声的方式将正确的价值追求有效地传递给读者。

　　本书内容以"迎合时代发展需要、适合专业发展需求"为宗旨，深入浅出地介绍了建筑学的专业相关内容、建筑设计的基本知识及入门技巧等，根据建筑学专业的学科特点，导入建筑设计这一核心内容。书中涵盖建筑相关的基本知识，以文字为主、图文并茂、信息丰富，注重将建筑学教育与建筑学从业的发展方向相结合，突出了创造性思维培养、建筑空间认知、绿色节能建筑以及数字化建筑设计等环节的相关内容。本书力求做到理论部分简明扼要、详略得当，联系实际部分丰富多样、时代性强，方法讲解部分突破创新、前瞻性强。为便于教学和学习，每章开篇设有教学目标和教学要求，章后附有本章小结和思考题。

　　本书由吉林建筑大学裴鞠、常悦担任主编，吉林建筑大学杨雪蕾、张萌、张曦元、周春艳担任副主编。具体编写分工为：裴鞠编写第 5 章，常悦编写第 1 章、第 7 章，杨雪蕾编写第 3 章、第 4 章，张萌编写第 8 章，张曦元编写第 2 章，周春艳编写第 6 章。

　　本书由吉林建筑大学建筑与规划学院副院长、国家一级注册建筑师柳红明主审。柳院长在本书编写过程中给予了大力支持，并提出了许多宝贵的意见和建议，在此表示衷心的感谢。

　　限于编者水平有限，书中难免有不妥之处，恳请广大读者批评指正。

编　者

2022 年 7 月

# 目　　录

# 第一篇　关于建筑

# 第**1**章
# 绪　论

教学目标

　　一方面，通过理解建筑的特性来认知建筑的概念；另一方面，通过了解建筑学专业的形成背景、专业课程的内容特点、从业发展的可能方向等，来明确学习态度、学习任务及学习目标。

教学要求

| 知识要点 | 能力要求 |
|---|---|
| 建筑的特性和概念 | (1) 认知建筑的概念<br>(2) 理解建筑的特性 |
| 建筑学专业形成背景 | (1) 了解建筑学专业的形成背景<br>(2) 了解建筑学教育的特点 |
| 建筑学专业的学科内容 | (1) 了解专业学习内容<br>(2) 了解专业学习特点<br>(3) 掌握专业学习入门方法 |
| 建筑学专业的未来从业 | (1) 了解专业从业的建筑师制度<br>(2) 明确学习目标 |

**引言**

　　建筑对于每个人来说并不陌生，它在我们的生活当中随处可见，可什么是建筑？建筑的魅力何在？研究建筑的学科——建筑学专业究竟是如何产生的？它的学科内容都有哪些？从学习到从业需要怎样的过程？这些问题都会在本章找到答案。

## **1.1** 建筑的特性和概念

### 1.1.1　广义的建筑

　　"建筑"一词在汉语中有多种含义，作为名词可以广泛用来指建筑物或其他具体构筑物，也可以指建筑物或其他具体构筑物的设计风格与建造方式；作为动词，它可以指代建筑师在设计与建造建筑物方面提供专业的设计活动以及建筑工人建造施工的过程。"建筑"涵盖的内容范围很广，大到与城市规划、城市设计、景观设计等息息相关，小到涉及建筑室内空间装饰细节及其家具细部等。建筑除了包含规划、设计并建造出能反映功能的形式、空间和环境，还要兼顾技术、社会、自然和美学等领域的内容。建筑需要通过创意让材料、科技、光线和阴影能彼此共同合作。此外，建筑也是一个将建筑物和构造物实现的过程，因此需要考量许多实际的层面，包括工程进度、预算估计和施工管理。

## 1.1.2 建筑的特性

什么是建筑（图1.1）？如何给建筑下定义？向不同的建筑师提问，我们很难得到一致的答案。有人说，建筑是人们用泥土、砖、瓦、石材、木材等建筑材料构成的一种供人居住和使用的空间，如住宅、桥梁、厂房、体育馆、窑洞、水塔、寺庙等。有人说，建筑是建筑物与构筑物的总称，是人们为了满足社会生活需要，利用所掌握的物质技术手段，并运用一定的科学规律、风水理念和美学法则创造的人工环境。还有人说，建筑指的是对那些为人类活动提供空间的，或者说拥有内部空间的构造物进行规划、设计、施工而后使用的行为过程的全体或一部分，它除了可指具体的构造物外，也着重指创造建造物的行为等。这些说法在某种程度上都是正确的，而为什么对于从古至今一直出现在我们日常生活中的建筑难以得到统一的定义？这需要我们首先对于建筑的特性做一个全面的了解和认知。

**图1.1 什么是建筑**

### 1. 建筑的实用性

无论是原始的穴居还是今天的高楼大厦，无论是简单朴素的民宅还是精雕细琢的城市地标，建筑存在的最基本目的始终是为人们提供遮风挡雨的栖居之所，所以它首先是一个实用对象，应该为使用者提供所需要的使用功能。不同类型的建筑由于各自的服务人群和使用性质的不同，而有各自不同的迎合目标和功能要求。在民居中建筑要满足人们日常活动需要，多采用庭院围合的形式；在中国北方传统的民居四合院中，正房、东西厢房围绕中间庭院形成平面布局（图1.2）；在福建的土楼民居中，层层环楼围合成内院作为家族公共活动的场所（图1.3）；在古罗马时期的民宅内，通常建筑中央是带有矩形水池的中庭，作为重要的会客接待空间来使用（图1.4）。而博览类建筑要满足人们参观游走的使用需要，因此建筑中的走道、连廊、楼梯等交通空间显得格外重要，在纽约的古根汉姆博物馆中，螺旋上升的坡道成为人们参观使用的主线（图1.5）；在苏州博物馆中，符合园林建筑特色的连廊成为使用的主要路径（图1.6）。因此，建筑为人而生，以人为本，依人而造，建筑首先要满足使用者的实用要求，其存在的本质是为人类活动提供更多实用的可能性。

图 1.2 民居四合院

图 1.3 客家土楼

图 1.4 古罗马民宅

图 1.5 纽约古根汉姆博物馆螺旋形走道

图 1.6 苏州博物馆连廊

2. 建筑的空间性

空间是物质存在的一种客观形式，由长度、宽度和高度表现出来。我国春秋战国时期著名的哲学家老子在他的著作《道德经》第十一章里早已说道："三十辐共一毂，当其无，有车之用。埏埴以为器，当其无，有器之用。凿户牖以为室，当其无，有室之用。故有之以为利，无之用。"意思是说，三十根辐条汇集于车毂而造车，有了其中的虚空，才发挥了车的作用；糅合陶土制作器皿，有了器皿内的虚空，才发挥了器皿的作用；对于建筑来讲，"有"指代门、窗、墙、屋顶等可以加以利用来建造房屋的实体，而门窗四壁围合而成的虚空才是人们可以使用的，这个称为"无"的虚空即是围合出来的空间，它发挥了建筑真正的作用，所以也可以说，建筑是营造可以容纳人们活动的"器皿"，它的实质是创造空间(图 1.7)。

而建筑的空间是多种多样的，按功能划分，有私密空间、公共空间、共享空间、过渡空间等；按形式划分，有封闭空间、半封闭空间、开放空间等；按性质分，有主要空间、辅助空间等；按环境心理划分，有积极空间和消极空间等。各个空间有秩序地组合在一起就形成了建筑，具体的组合形式以及建筑空间的产生可参见第 4 章的详细讲解。

3. 建筑的时间性

建筑除了具有空间特性外，还具有时间性。这里首先提及的是建筑的第四个维度——时间维度。对于一个建筑物而言，它在拔地而起所经历的建造过程中体现了时间对于建筑

图 1.7　建筑的实质是创造容纳人的空间

的影响，比如清水混凝土建筑的现场浇筑工艺，可以直接影响到外立面的纹理效果；另外，建筑的空间随着时间的变化，记录了日月星辰斗转星移的光影明暗变化、春夏秋冬花开花落的景象色彩变化、四季更迭风霜雨雪的气候温度变化等，这些在时间维度上的变化增加了一个建筑空间的丰富性(图 1.8)；最后，人们在建筑中游走也体现出建筑的时间性，沿着使用者运动的轨迹在每个转角步移景异，从而使建筑四个维度的时空感得以体现。

图 1.8　窗外的四季变化带来建筑内部空间光影色彩的变化

另一方面，更广义来讲建筑的时间性可以理解为建筑使用过程中的历史性。法国作家雨果在著名的《巴黎圣母院》中曾说过："人类没有任何一种重要的思想不被建筑艺术写在石头上"，"人类的全部思想，在这本大书和它的纪念碑上都有其光辉的一页。"千百年来，法老的辉煌已落幕，天子皇朝的统治已消亡，古希腊城邦战争的战火硝烟已落定，角斗士的厮杀呐喊已远去，但埃及的金字塔、北京的紫禁城、雅典的卫城、罗马的角斗场依旧巍然屹立于世人面前，它们无声地向我们证明，建筑作为人类文明发展的载体，记录了古往今来那些时间轴线上的兴衰荣辱(图1.9)。

图1.9 古希腊城邦战争与雅典卫城帕提农神庙

4. 建筑的地域性

地球上不同的地域有着不同的气候、地貌、地形、生态及资源，炎热地区的建筑需要遮阳避暑，寒冷地区的建筑需要保温防寒，潮湿地区的建筑需要耐久通风等，独特的区域自然因素主导着建筑形态的不尽相同。

在巴尔干半岛的希腊，建筑是石头的史书，而在其他地方，可以说建筑是木头或其他材料的史书。建筑的千姿百态呈现出地域分布的差异性，每一种地貌环境所提供的建造材料不同，长时间流传下来的建造技法也不尽相同。因此，在植被贫瘠风化严重的地区，建筑就地取材利用砂石堆砌夯实来做居住的掩蔽体(图1.10)；在热带雨林地区，气候湿润植物繁茂，应用各种木材或竹子，抬升基底躲避潮气搭建房屋的情况比较常见(图1.11)；而并不是每一处居住地都是一马平川的，在山地地区，建造房屋需要结合山体地形，填挖土方并逐层退台上升(图1.12)。

5. 建筑的社会性

不同地域孕育的民族也有着不同的生活方式、风俗习惯、宗教信仰，构成风格迥异的社会人文环境，而建筑是社会赖以生存的物质基础之一，它的产生与发展依赖于社会的生产力，同时它也反映一个社会的产生与发展特征，也就是说在一定的社会历史发展阶段，社会创造了它的建筑，反过来建筑也影响着社会。

中世纪随着西罗马帝国的灭亡，封建割据带来频繁的战争，造成科技和生产力发展停滞，欧洲社会进入黑暗时期，人们在了无生息的痛苦之中寄希望于宗教，教皇成为最高统治者，教会具有绝对的统治权力，宗教思想几乎影响到每一个人的活动，这样的专制制度致使大批具有建筑艺术价值的宗教建筑得以诞生，成为欧洲社会最黑暗时期残留的一点瑰丽。巴黎圣母院大教堂是其中的代表作之一(图1.13)，它位于法国巴黎西堤岛上，始建于

图 1.10　北非摩洛哥民宅　　　图 1.11　印尼巴厘岛竹屋　　　图 1.12　日本六甲山体住宅

 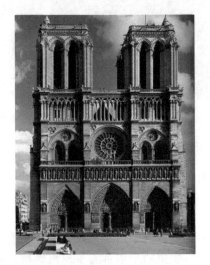

图 1.13　欧洲中世纪的社会状态和宗教建筑

1163 年，耗时近 200 年，直到 1345 年竣工，该教堂以其哥特式的建筑风格，祭坛、回廊、门窗等处的雕刻和绘画艺术以及堂内所藏的 13～17 世纪的大量艺术珍品，成为法兰西岛地区哥特式风格宗教建筑群中，具有重要代表意义的一座。它作为巴黎总教区的主教堂，举行大量皇室和宗教仪式，另外它也是全欧洲工匠组织和教育组织集会的地方。特定的人文因素影响着建筑的发展及风格，同时建筑也反映了所处时期的文脉特征，作为社会的一面镜子，透过它映射出的是社会制度、社会民俗以及社会问题。

6. 建筑的艺术性

18 世纪德国诗人歌德(Goethe)在米开朗基罗(Michelangelo)设计的梵蒂冈教堂前广场的廊柱内散步时，深切地感到了音乐的旋律，他和哲学家谢林(Friedrich Wilhelm Joseph Schelling)都曾说过"建筑是凝固的音乐"。北京故宫沿中轴线的院落空间布局由南至北，经矮小的大清门穿过横向开阔的院落，北面矗立着高大的天安门，配以汉白玉的华表与金水桥，形成故宫第一个空间高潮；天安门与端门之间，是一个较小的方形院子，气氛收敛，然后又展现一个纵长的大院空间，以体型宏伟，轮廓多变的午门构成第二个高潮；太和殿门前的横长院子，因为不装点绿化，气氛严肃。庭院两侧以高低错落、大小不同的建筑群，衬托北侧白石台基上雄伟壮丽的太和殿，形成第三个高潮。这种先抑后扬步步紧凑的建筑空间设计手法契合了中国传统曲式中最小的结构——起、承、转、合式四句体的乐段，在欧洲传统音乐中也叫陈述、巩固、发展、终结(图1.14)。19世纪中期，德国音乐理论家穆尼兹·霍普特曼(Moritz Hauptmann)在他的名作《和声与节拍的本性》里说："音乐是流动的建筑。"舒曼在《第三交响曲》中就曾表现科隆大教堂外观的壮丽与雄伟。

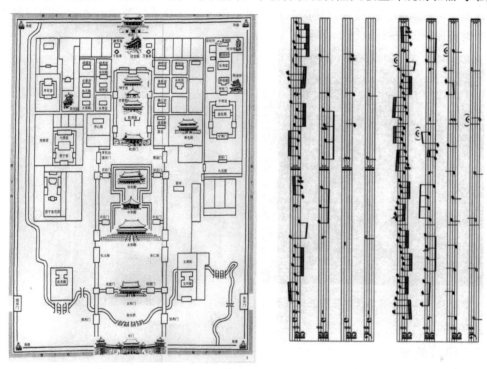

图1.14　故宫建筑空间布局的韵律特征

建筑除了与音乐能够创造出相通互融的艺术意境外，在造型构图方面也具有相当多的美学艺术特征，虽然建筑首先是一个使用对象，但它需要用具体形象表现出来。德国哲学家黑格尔的《美学》第三卷介绍了各门艺术的体系，首先论述的是建筑，"在各门艺术的体系之中首先挑出建筑来讨论，不仅因为建筑按照它的概念本质理应首先讨论，而且也因为就存在或出现的次第来说，建筑也是一门最早的艺术。如果要找建筑的最初起源，我们可以把人所居住的茅棚以及容纳神及其信徒团体的庙宇看作最近于最初起源的建筑"。通过不同时期能工巧匠对建筑形体、构件、色彩、饰物、雕塑、壁画等的精雕细琢与设计，建筑呈现出美学法则并不断发展创新饱含独特的艺术语汇，具有审美价值和艺术价值。

### 7. 建筑的技术性

意大利建筑师奈维(P. L. Nervi)曾说过，"建筑是一个技术与艺术的综合体"。建筑的建造和存在依赖于技术，建筑的艺术性通过技术得以体现，而更关键的是新的科学技术、建造工艺、物质生产和建筑材料为建筑提供新的物质基础以及不断发展进步的可能性。

建筑的技术性通过建筑材料、建筑结构、建筑施工、建筑能耗等多方面表现出来。从建筑材料来说，公元1世纪罗马人用火山灰混合石灰、砂制成天然混凝土，大大促进了罗马建筑结构的发展，使得拱和穹顶在跨度方面不断取得突破，造就了一大批至今仍为人们津津乐道的大型公共建筑；工业革命使钢材得以大规模工厂化生产，加速了钢筋在建筑中的应用，随后高楼大厦鳞次栉比，开创了现代主义建筑发展的格局。从建筑结构来说，基础、柱、梁、板、屋盖等建筑骨骼的合理承重需要技术性计算，而有新的结构形式才能支撑起新的建筑造型，美国著名建筑师赖特指出，"建筑是用结构来表达思想的学科性艺术"，结构的发展也引发了 20 世纪后期高技派建筑的出现。另外，随着能源消耗产生的危机与日俱增，建筑在节约能耗方面的技术性得以凸显，各种新兴节能技术措施使建筑不断朝着低碳环保的方向发展(图 1.15 和图 1.16)。

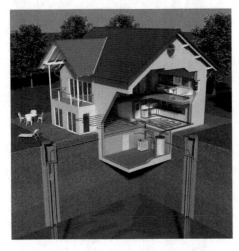

图 1.15　加入地源热泵供暖系统的建筑

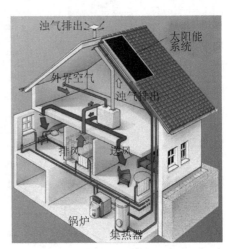

图 1.16　加入太阳能蓄热和通风系统的建筑

### 1.1.3　建筑的概念

通过对建筑属性的认知，我们可以了解到建筑是具有实用性、空间性、时间性、地域性、社会性、艺术性、技术性的综合学科。建筑一词来源于西方，对它的英文单词"Architecture"进行分解：Art 为艺术，Chief 为主管、统领，tec 为技术的缩写，ture 为集合性名词词尾，因此，建筑的概念如图 1.17 所示，它记录了人类的文明并通过不断革新的技术，成为人们生活的时间与空间的载体。

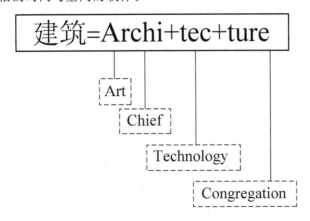

图 1.17　"Architecture"的构成

# 1.2 建筑学专业的由来

## 1.2.1 建筑学教育的起源

建筑作为人类的栖息之所，从远古至今已流传数千年，它的变化与演变离不开人类发展进程中的地域民俗、宗教统治以及王朝更迭，是人类社会发展的产物。透过爱斯基摩人的冰屋、云南雨林的吊脚楼、日耳曼人的木桁架建筑我们了解到的是祖先的建造智慧。然而，建筑学从生活中的点滴经验技艺到学科门类的形成，并逐步进化到今天的高校授课模式，其学科发展经历了漫长的过程。

早期的建造者多为能工巧匠，将建造作为一种技艺，师徒承袭，口传心授。在众多的匠人之中，出类拔萃的匠师被选出作为君王等统治阶层的御用建筑师，他们集合建造经验著书立说形成了最初的建造范本，使得设计模式和建造技艺得以形制化，从而为建筑教育的形成打下了基础雏形。

## 1.2.2 西方建筑学专业的发展

建筑学（Architecture）一词源于西方，追溯它的起源必须要提到马可·维特鲁威（Marcus Vitruvius Pollio），他是西方建筑教育最早的奠基人，作为古罗马御用建筑师先后为恺撒和奥古斯都服务，早在公元前 22 年他所著的《建筑十书》（图 1.18）成为西方古代最早的一部建筑著作。该书系统地总结了希腊和早期罗马建筑的实践经验，内容包括：城市规划、建筑概论、建筑材料、神庙构造、希腊柱式的应用、公共建筑（浴室、剧场）、私家建筑、地坪与饰面、水力学、计时、测量、天文、土木、军事机械等，涵盖了当时建筑活动的全部内容，奠定了欧洲建筑科学的基本体系。该书提出了建筑设计的三个主要标准：坚固（Firmitas）、实用（Utilitas）、美观（Venustas），对于今天还具有指导意义。文艺复兴时期，《建筑十书》被译成多种语言广泛传播，达·芬奇（Da Vinci）根据书中人体结构的比例规律，绘制了著名的《维特鲁威人》（图 1.19）。

在意大利学院派的影响下，法国于 1648 年成立皇家绘画雕塑学院，并于 1671 年成立皇家建筑学院，随后两校合并成为巴黎美术学院（图 1.20），从而诞生了建筑学科专业教育的雏形，后人称之为法国布杂学院派（Beaux-Arts）建筑教育体系。该体系将学习内容"课程化"，建立了至今沿用的建筑学评图形式。在专业教学中，以美术为基础，以培养具有艺术修养的建筑师为目标，延续了艺术工匠师徒制的学习制度，以及向传统学习的特色。布杂建筑教育体系开创了欧洲各国相关建筑教育的先河，并主导西方建筑教育长达 3 个世纪之久，受此教育影响下的作品也称为布杂学院派建筑。

1919 年沃尔特·格鲁皮乌斯（Walter Gropius）在德国魏玛创立了公立包豪斯学校（Staatliche Bauhaus），这是世界上第一所完全为发展现代设计教育而建立的学院（图 1.21）。包豪斯的课程进行了改良，全部都在学校里进行，并且在学科中增加了许多工程科目及设

图 1.18　建筑十书

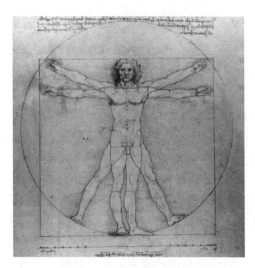

图 1.19　维特鲁威人

图 1.20　巴黎美术学院，巴黎(1820—1862)

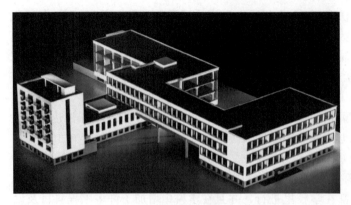

图 1.21　德国包豪斯学校，魏玛(1919—1933)

计理论课，由课程讲授与车间动手制作两线相结合进行，从而实现了建筑学从艺术门类到现代工科专业的蜕变，架构了现代建筑学专业的学习模式。

## 1.2.3 中国建筑学专业的发展沿革

中国具有悠久的建筑历史，古往今来能工巧匠建造的长城、赵州桥、应县木塔、故宫、苏州园林等不胜枚举，这些中国建筑在世界建筑发展史上都留下了辉煌的篇章。在建造设计过程中，战国时期就有了建筑总平面图，隋代出现了模型设计，但问及这些设计的建筑师是谁、建造方式怎样，大都无史料记载。

现今，可以考证的中国最早记录建筑的《考工记》与《建筑十书》的历史相近。最早的建筑设计及施工的规范书籍，是在两浙工匠喻皓的《木经》基础上，由北宋李诫编著的《营造法式》（图1.22）。该书是当时建筑设计与施工经验的集合与总结，内容涵盖释名、各作制度、功限、料例和图样，对后世产生了深远影响。另外，建造过程遗留史料最为翔实的唯有清代的"样式雷"。所谓"样式雷"，是对清代负责主持皇家建筑设计长达200年的雷氏建筑世家的简称，因其长期世袭掌案一职，掌管样式房而得名。目前中国世界遗产的建筑中有五分之一是由雷氏家族设计。受"样式雷"的影响，中国清代古建筑的样式规范化，并在雍正十二年(公元1734年)清工部颁布了《工程做法则例》，这些著作使中国建筑的设计及施工得以千年传承(图1.23)。

图1.22 李诫著《营造法式》

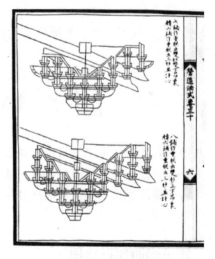

图1.23 梁思成注解营造法式内容

但在中国，建筑作为一门学科发展至今不过只有一百年的历史。清末民初是中国近现代发展的转型期，也是中国建筑学专业形成的重要时期。一方面中国建筑教育吸收传统学术体系中的要素形成清末徒艺学堂教育；另一方面吸收了欧洲、日本及美国的科学知识体系，于1909年改为工业学堂，从而构建了中国近代建筑学专业体系的雏形。

1923年留日学生柳士英等创立了苏州工业专门学校，成为中国近代较早实践建筑教育的机构，其课程重点为中国建筑史研究，并强化了营造技术教育，增加了城市及庭院设计。该校的设立为中国高等建筑学教育奠定了基础，并作为中央大学建筑系的前身于1927年并入国立中央大学(图1.24)，就此成为中国高等院校中最早创立的建筑系。

1928年中国著名的建筑学家和建筑教育家梁思成归国，应东北大学之邀创办东北大学建筑系，并于1931年参加中国营造学社，整理编著了《清式营造则例》、《中国建筑史》等书，从而推进了中国古建筑的研究。1946年梁思成回到清华大学创办建筑系，成为中国建筑学专业高等教育的开拓者和奠基人（图1.25）。

图 1.24　当时的国立中央大学校门

图 1.25　梁思成先生在清华讲课情景

随着国立中央大学和东北大学建筑系的相继诞生，中国建筑学专业形成了南北特色，并在新中国成立后衍生出著名的"中国建筑老八校"，即东南大学、华南理工大学、重庆建筑大学、清华大学、同济大学、天津大学、哈尔滨建筑大学、西安建筑科技大学。截止到2012年9月，我国已有252所高校经教育部审批开设了建筑学专业，并呈逐年增长之蓬勃态势。

# 1.3　建筑与建筑学的关系

建筑的多种性质决定了建筑学专业的学科多样性，维特鲁威曾说过，建筑学所涉及的知识极大一部分源于其他不同的学科，建筑学是将不同学科的知识集成在其自身内部。另一方面，由于建筑是技术和艺术的结合体，因此建筑学专业的教育内容也是围绕工程技术与美学训练展开。

## 1.3.1　建筑学的知识结构

自然科学中，建筑学涉及力学、光学、声学、热学等物理知识和建筑材料；人文科学中，涉及社会学、心理学、历史、文学以及与艺术相关的学科等；工程学科中，主要包括结构、技术系统等，各学科对建筑起着重大作用。"百科全书式的建筑学"被视为具有包罗万象的科学多样性，因此，建筑学专业人才需要具备多种领域的知识结构（图1.26）。此外，由于建筑学专业是通过一定审美素养将设计绘制表达出来的，因此拥有一定的美术基础会为专业学习带来方便。

通过如上总结我们不难看出，可以与建筑学相交叉或相邻近的学科有很多，比如，城市规划、景观设计、环境艺术、土木工程、环境工程、历史遗址保护与修缮等。随着社会

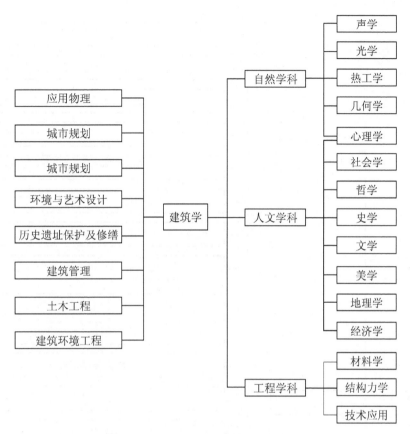

图 1.26  建筑学的相关专业和知识结构

的发展、研究的深入，又不断衍生出新的与建筑学相关的学科，如景观建筑学、环境心理学、拓扑学、数字化影像技术等。

## 1.3.2  建筑学专业培养模式

目前我国授予建筑学学士学位的建筑学专业学制为五年，学制时长是根据专业学习的特点和内容来决定的，与绝大多数其他专业不同的是除了学习理论课程以外，建筑学专业的同学需要大量时间完成专业课程设计，此外还要经历种类颇多的实践实习。比较常规的建筑学专业本科阶段授课内容包括以下科目(图 1.27)，各校结合自身的风格特色也会有所调整。

以建筑设计为主要核心课程的建筑学专业，它的授课模式多为围绕设计项目展开的交流式教与学，形式较为灵活多样，因此不同于以往的中学时代常规的理论授课形式，需要学生积极主动地动手、动脑参与其中。设计课程的交流通过模型制作、草图讨论、讲解方案、互动评图、修改辅导等方式进行，美国著名建筑师理查德·迈耶(Richard Meier)曾说，"每位学生都是不同的个体，他们分别做着自己力所能及的工作并被不同的评委指点评图，这样可以从更多的视角来看问题"，所以"建筑设计课的过程是一种对思想的支持、反馈、提升、鼓励和建构的过程"。这也是建筑学专业课堂最生动有趣的闪光之处(图 1.28)。学期末的成绩评估与教学环节相对应，理论部分成绩由考试决定，设计部分通过快题设计和课程设计答辩等形式完成，最终通过毕业设计取得学士学位。

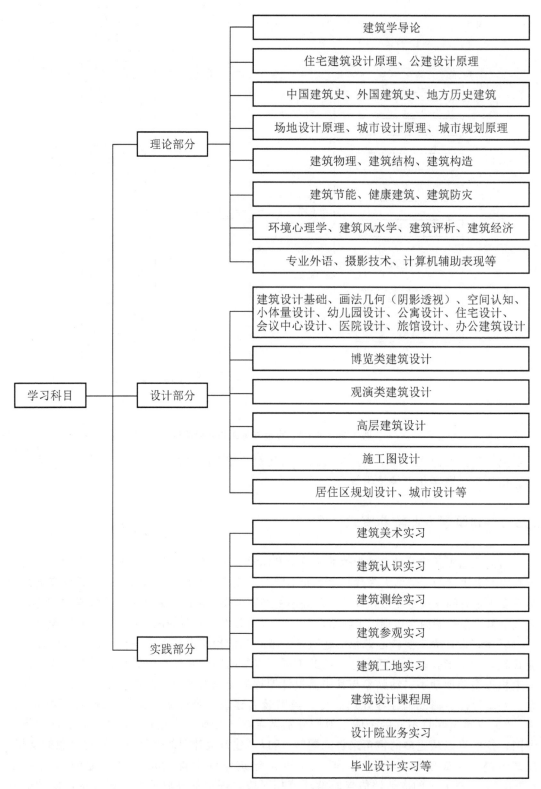

图 1.27　一般建筑学专业本科阶段课程内容

图 1.28　建筑学专业课程评图

### 1.3.3　建筑学的基本入门方法

第一，想要学好建筑学，首先需要提高自身学习的主动性。我们通常所指的中学教育与高等教育最大的区别在于，大学期间学生需要为自己的学业锻炼自主学习的能力，而主动学习即是自主学习的源动力。这一点在建筑学专业中体现得尤为突出，正所谓"师父领进门，修行在个人"，在老师传授理论、布置任务后，需要学生自主地决定以何种方式来完成老师布置的设计题目，这个决定中包括对于设计时间的掌控、设计方案深度把握、设计表达的选择等，对于这种学习自由度的把握就如同是一个修炼内力、功力逐渐增强的过程，学习的主动性越强、积累的设计经验越丰富，达到最终的设计效果也就越理想。此外，主动地收集资料、阅读书籍、建立空间概念、强化表达技法、学习绘图软件等都是"内功修炼"的方式。最后，积极主动地提高美学素养，培养如绘画、摄影、旅游等广泛的兴趣爱好，也会对设计起到提升和帮助作用。

第二，交流很重要，这里所指的交流首先是师生交流。由传统"学徒制"发展而来的建筑学仍然有很大部分学习时间是老师与学生一对一地讨论及修改方案，老师将从业经验融入课堂进行传授以及学生对方案的理解与构思表达是专业学习的主要交流方式。通过这种学习，学生的作品在反映其自身想法的同时，也会反映出辅导老师的风格特点，因此，为了增加学生向老师学习交流的广泛性，通常在不同学期设计课程会更换辅导老师。另一方面，同学之间的交流也很重要，这包括同年级做同一题目的同学之间的交流、与高年级学长的交流、与国内外其他建筑学专业同学的交流等。建筑学与数学不同，在建筑学中，对于一个题目没有统一的标准答案，一百个人作答也许有多于一百种的答案出现，因为很可能有人想到不止一个设计方案，虽然针对每一个设计题目任务书中会要求需要完成的图纸内容量，但每个人对方案的理解不同，所以完成设计的深度、风格、表达方法都会有所不同。多与同专业的其他同学交流和讨论会扩展思维、取长补短，避免闭门造车。

第三，建筑学是实际应用性很强的学科，所以学习的渠道也就多种多样，想要学好它不能只靠在学校用功读书，往往走出校门更重要。除了最基本的课堂、图书馆、资料室、互联网等学习途径外，在设计单位实习或是到某处建筑施工工地参观是更进一步的学习途径，甚至生活中每一幢建筑都是我们可以扩展的学习范本。因此，多走、多看、多想、多练，通过对不同地域建筑的比较、不同时代建筑的分析、置身于不同建筑空间中的游历都会使我们更深入领会学校所学的内容。

除了以上几点基本方法，在建筑学的学习过程中，经过一段时间的调整适应，每个人也会根据自身的特点，发展出适合自己的独特的学习方法。

# 1.4 建筑学从业

## 1.4.1 就业方向

虽然建筑专业涉及的领域非常广泛，但建筑学的从业方向却仅仅与建筑相关。尽管如此，在中国近20年蓬勃发展的建设背景下，建筑学就业方向还是具有一定的可选性，比如建筑设计院、事务所、咨询公司等，房地产开发等甲方单位，城乡规划、住房等与建筑相关的政府职能部门，建筑类大专院校，与建筑相关的出版社以及其他媒体单位等。随着社会多元化的发展，也许还会有更多的建筑学相关职业产生，但是成为建筑师，在设计单位从事技术草图绘制、建筑方案设计、建筑施工图设计等是建筑学专业最主要的发展方向。

## 1.4.2 建筑师制度

建筑师制度，是在社会职业发展到一定专业化的背景下产生的。通常法律、医学、建筑学、会计学等被认为是专业化行业，在此之中具备专业化知识及技能，并且以此为生的人称为专业人士，即律师、医师、建筑师、会计师等，他们的专业技能符合科学原理，经过长时间的学习及训练，并有经考试获得的认证书或从业牌照，拥有自我约束行为的职业操守（或道德）及可量化的专业标准。专业人士通常需要具有一定的职业素质和经验资历，使人们愿意向其咨询，尤其在城市规划、建筑设计、公共事务、医疗保健、财务管理等方面。

为了提高工程设计质量，强化建筑师的法律责任，保障公众生命和财产安全，为用人单位提供一个衡量能力的统一标准，并逐步实现与发达国家工程设计管理体制的接轨，20世纪90年代初我国在论证及比较了一些发达国家注册建筑师制度模式的基础上，选择以美国为参照系，并结合我国国情，建立了中国的注册建筑师制度。经当时的建设部、人事部研究决定，我国于1995年秋天实行注册建筑师考试制度，这标志着我国注册建筑师考试制度在全国全面推开。在注册制度实施的初期，国家采用特许注册师办法，使一批有对我国建设事业做出过巨大贡献的德高望重的建筑师及工程师成为首批注册建筑师。对其他具有中、高级技术职称的现有设计人员，根据不同的职称、学历和从业年限，分别采取培训考核、部分免考或统一考试的办法实现了注册。在注册制度实施后，考试是取得建筑行业执业资格的主要方式，目前分为一级注册建筑师和二级注册建筑师两类。

符合下列条件之一的，可以申请参加一级注册建筑师考试：

（1）取得建筑学硕士以上学位或者相近专业工学博士学位，并从事建筑设计或者相关业务2年以上的。

（2）取得建筑学学士学位或者相近专业工学硕士学位，并从事建筑设计或者相关业务3年以上的。

（3）挂有建筑学专业大学本科毕业学历并从事建筑设计或者相关业务5年以上的，或者具有建筑学相近专业大学本科毕业学历并从事建筑设计或者相关业务7年以上的。

（4）取得高级工程师技术职称并从事建筑设计或者相关业务3年以上的，或者取得工程师技术职称并从事建筑设计或者相关业务5年以上的。

（5）不具有前四项规定的条件，但设计成绩突出，经全国注册建筑师管理委员会认定达到前四项规定的专业水平的。

符合下列条件之一的，可以申请参加二级注册建筑师考试：

（1）具有建筑学或者相近专业大学本科毕业以上学历，从事建筑设计或者相关业务2年以上的。

（2）具有建筑设计技术专业或者相近专业大专毕业以上学历，并从事建筑设计或者相关业务3年以上的。

（3）具有建筑设计技术专业4年制中专毕业学历，并从事建筑设计或者相关业务5年以上的。

（4）具有建筑设计技术相近专业中专毕业学历，并从事建筑设计或者相关业务7年以上的。

（5）取得助理工程师以上技术职称，并从事建筑设计或者相关业务3年以上的。

一级注册建筑师考试内容包括：《设计前期与场地设计》、《建筑设计》、《建筑结构》、《建筑物理与建筑设备》、《建筑材料与构造》、《建筑经济、施工与设计业务管理》、《建筑技术设计(作图)》、《场地设计(作图)》、《建筑方案设计(作图)》共9门，科目考试合格有效期为8年，参加全部科目考试的人员须在一个考试周期(即8年)内通过全部科目的考试。二级注册建筑师考试内容包括：《建筑结构与设备》、《法律、法规、经济与施工》、《场地与建筑设计(作图)》、《建筑构造与详图(作图)》共4门，科目考试合格有效期为4年。注册建筑师的执业工作于1997年1月1日实施。截止到2008年年底，全国已有一级注册建筑师17569人。

通过表1-1可以了解到无论身处哪个国家，成为建筑师的过程是一条需要完成漫长学业、从事一定的专业实践积累经验、经过若干年的注册考试取得从业资质的艰辛之路。即便如此，建筑师的作品还需要经历时间的验证才能得以沉淀和认可。因此，要想成为一名成功的建筑师，仍然有很长的一段路要走。

表 1-1　部分国家注册建筑师制度模式

| 国家 | 教育年限 | 工作年限 | 职业机构 | 注册 |
|------|----------|----------|----------|------|
| 澳大利亚 | 5 年 | 2 年 | 澳洲皇家建筑师协会（RAIA） | 注册之后才能使用"建筑师"名号。注册工作由国家认证委员会负责 |
| 奥地利 | 5 年 | 3 年，外加考试 | 建筑师工程师联合会（BAIK） | 需要 BAIK 会员资格 |
| 加拿大 | 5～6 年 | 在事务所的某些具体领域工作满 5600 小时 | 加拿大皇家建筑师学会（RAIC） | 注册后才能使用"建筑师"名号。注册工作由省级理事会负责 |
| 法国 | 6.5 年（三个两年学期和一个必修的最后半年学期） | 根据学历的不同要求有所不同 | 建筑协会下属 26 个地方理事会 | 需要任何一个地方理事会的会员资格 |
| 德国 | 4～5 年 | 最少 2 年 | 建筑师为规范的注册单位的会员 | 注册后才能使用"建筑师"名号 |
| 爱尔兰 | 5 年期，或者 3 年＋2 年，完成以后还有一年选修 | 2 年 | 爱尔兰皇家建筑学会（RIAI） | 注册为 RIAI 的职责之一 |
| 意大利 | A 级为 5 年；B 级为 3 年 | 无需工作经验 | 由全国理事会下属地方注册机构管理组织 | 必须完成 A 级或 B 级的要求才有资格注册 |
| 荷兰 | 5 年（技术性大学）；4 年（建筑相关学院） | 注册无需经验，但 BNA 的登记需 2 年经验 | 荷兰皇家建筑师学会（BNA） | 注册后才能使用"建筑师"名号 |
| 新西兰 | 5 年 | 2～3 年 | 新西兰建筑师学会（NZIA） | 注册后才能使用"建筑师"名号，注册工作由建筑师委员会（NZRAB）负责 |
| 波兰 | 5 年 | 最少 3 年 | 波兰建筑师学会（SARP） | 必须通过 SARP 的注册 |
| 西班牙 | 5 年 | 无需工作经验 | 官方建筑学院/Colegio Oficial de Arquitectos | 需要具备官方建筑学院的会员资格 |
| 瑞典 | 4～5 年 | 无需工作经验 | 瑞典建筑师学会 | 需要具备瑞典建筑师学会的志愿会员资格 |
| 英国 | 5 年 | 2 年 | 英国皇家建筑师学会（RIBA） | 注册后才能使用"建筑师"名号。注册工作由建筑师注册管理局（ARB）负责 |
| 美国 | 5～6 年 | 在事务所内的某些具体领域完成 700 个训练单元（每个单元 8 小时） | 美国建筑师学会（AIA） | 注册后才能使用"建筑师"名号。注册工作（执照颁发）由全国建筑注册机构理事会负责 |

### 1.4.3 建造活动及工作流程

通常在建筑活动当中会用到甲、乙、丙三方习惯称谓,所谓甲方即建筑项目的出资方,如房地产开发商、私人业主、委托单位等;乙方为建筑项目的施工方,如某建工集团、施工队等;丙方为设计单位,即所做建筑设计的我们,如图1.29所示。

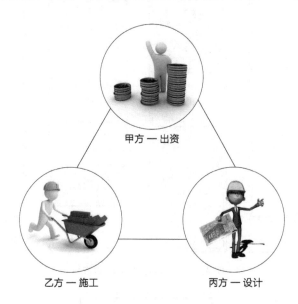

图 1.29　建筑活动中的三方合作

我们看到所设计的万丈高楼平地而起,在具体操作中需要怎样的步骤和流程呢?实际上,由于不同的场地环境、不同的规模类型、不同的甲方要求等,每一个建筑项目都会带来一系列新的问题与挑战,尽管如此,大部分建筑从设计到施工都会经历如下的基本建设程序和步骤(图1.30)。

在前期阶段,建筑项目需要针对规划、环境、效益等多方面条件,做出投资决策的可行性调查分析并出具研究报告,进行设计招标。在设计阶段,设计方结合招标书内容首先进行现场勘察做出设计前期准备,接下来是核心的方案设计环节,随后根据实际项目技术问题做出初步设计或称为技术设计,最后制订出施工图,提供给施工单位,编制施工图预算。需要指出的是,施工图必须向当地审图机构报审,审查合格后方可作为施工根据。在施工阶段,设计人员需要配合施工具体情况提供设计变更、现场协调等服务直至设计交底。在建设后期,建筑楼体要经过相关部门验收合格后才可以交付使用。

具体一个建筑项目在设计阶段,需要各个专业分工进行合作(图1.31)。建筑学专业首先负责建筑方案、施工图设计,土木工程专业配合建筑方案进行结构施工图设计,建筑环境设备专业根据主体建筑进行电气、水暖、通风等配套设计,建筑造价专业负责工程项目产生费用的概算、预算及决算等。建筑设计作为开始项目设计的第一步骤,其作用举足轻重,因此建筑师只有掌握系统全面的专业知识并具备良好的沟通素养,才能够担当好建筑项目负责人的角色,顺利地与其他各专业相互配合、协同工作。

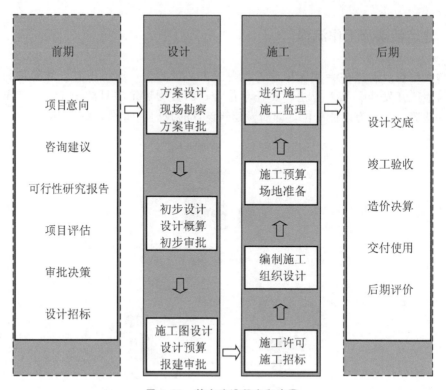

图 1.30　基本建设程序和步骤

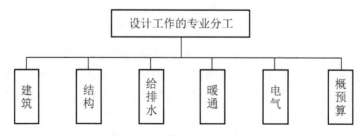

图 1.31　设计工作的专业分工

# 本 章 小 结

　　本章主要介绍建筑的概念和特性，建筑学专业的形成背景，本科学习的学科内容，以及建筑学的注册师制度和未来实际从业情况。

# 思 考 题

　　1. 提及建筑，你首先想到的是什么？试用笔绘制出来。

　　2. 按照自己的印象及本章所讲内容，尝试定义"建筑"一词。

3. 尝试确立一个从业目标，毕业时参看发生了哪些改变？

4. 你认为现在应做哪些努力来应对未来的国家注册建筑师考试？

5. 建筑相关的学科领域中，你对哪些方面感兴趣？

# 第2章
# 建筑的演进

**教学目标**

通过对中国建筑和西方建筑历史的初步了解，掌握建筑演进的发展脉络，以此扩充专业知识背景，提高专业素养，为后续的建筑设计打下基础。

**教学要求**

| 知识要点 | 能力要求 |
|---|---|
| 中国古建筑发展情况 | (1) 了解中国古建筑进程<br>(2) 掌握中国古建筑特点<br>(3) 认识各时期代表作品 |
| 西方古建筑发展情况 | (1) 了解西方古建筑进程<br>(2) 熟悉各时期建筑风格<br>(3) 认识各时期代表作品 |
| 近现代建筑发展情况 | (1) 了解近现代建筑进程<br>(2) 熟悉近现代建筑风格种类<br>(3) 认识近现代建筑师及其代表作 |
| 当代建筑发展情况 | (1) 了解当现代建筑进程<br>(2) 熟悉当代建筑风格种类<br>(3) 认识当代建筑师及其代表作 |

**引言**

建筑的演进与发展记录了人类文明的兴衰荣辱与沉浮，每一次的王朝更迭、社会变革和科学进步，都会影响到建筑的艺术风格和建造技艺。那么，具体来说，我国的建筑经历了哪些变化演进？西方的建筑又经历了如何的发展？建筑如何从古装扮相变成今天的模样？本章中将一一回答这些问题。

# 2.1 中国古建筑发展脉络

## 2.1.1 原始社会至隋、唐、五代建筑

原始建筑是中国土木相结合的古建筑体系的发展来源，穴居建造（图 2.1）所积累的土

木混合构筑方式,成为跨入文明的建筑文化,夏商时期建筑延承此木构架建筑技术,夯土技术已达成熟阶段;木构榫卯已十分精巧;梁柱构架已在柱间用阑额,开启运用斗栱之滥觞,奠定了中国木构架建筑体系。

图 2.1 穴居示意图

两汉时期是中国建筑发展的第一个高潮,形成了井干式木构架[图 2.2(a)],它将木材层层相叠,如"井上四交之干",承重围护统一为一体,它不能做很大的体量,是一种承重墙结构。此时,也出现了适用于潮湿地带的干阑式建筑[图 2.2(b)],它是一种由巢居演进而来的,居住底面架空的建筑形式,它适用于潮湿地带。

(a) 井干式建筑        (b) 干阑式建筑

图 2.2 井干式建筑与干阑式建筑

中国木构架建筑在唐代初期迈入了体系发展的成熟期,繁荣的唐代建筑建造规模宏大,建筑布局水平提高,木构技术进入成熟阶段,建筑形象呈现雄浑、豪健的气质。佛光寺大殿(图 2.3),位于山西五台山,建于唐大中十一年(公元 857 年)。大殿为殿堂型构架,面阔 7 开间,进深 8 架椽(4 间),属"金箱斗底槽"平面形式。佛光寺大殿是我国现存最

图 2.3 佛光寺大殿

大的唐代木构建筑，是木构架成熟期的代表作。

## 2.1.2　宋、辽、金、元建筑

宋、辽、金、元时期，建筑规模比唐代小，但建筑类型增多，建筑技术也取得了重要进展。此时，《营造法式》问世，意味着对成熟的木构架建筑体系进行了规范化的总结，建筑定型化达到严密的程度。

应县佛宫寺释迦塔位于山西省朔州市应县城内西北佛宫寺内，俗称应县木塔（图 2.4），建于辽清宁二年（公元 1056 年），金明昌六年（公元 1195 年）增修完毕。应县木塔是中国现存最高最古老的一座木构塔式建筑，也是唯一一座木结构楼阁式塔，为全国重点文物保护单位。木塔位于寺南北中轴线上的山门与大殿之间，属于"前塔后殿"的布局。塔建造在 4 米高的台基上，塔高 67.31 米，底层直径 30.27 米，呈平面八角形。第一层立面重檐，以上各层均为单檐，共五层六檐，各层间夹设暗层，实为九层。因底层为重檐并有回廊，故塔的外观为六层屋檐。各层均用内、外两圈木柱支撑，每层外有 24 根柱子，内有 8 根，木柱之间使用了许多斜撑、梁、枋和短柱，组成不同方向的复梁式木架。有人计算，整个木塔共用红松木料 3000 立方米，约 2600 多吨重，整体比例适当，建筑宏伟，艺术精巧，外形稳重庄严。

图 2.4　应县木塔

## 2.1.3　明、清建筑

中国木构架建筑体系在经历了两宋的精致化之后，到明清达到了高度成熟阶段。从清中叶开始，官式建筑由成熟的定型化转向僵滞的过渡程式化。位于紫禁城南北主轴线显要位置的太和殿（图 2.5），俗称"金銮殿"，明永乐十八年（公元 1420 年）建成，自建成后屡遭焚毁，又多次重建，今天所见为清代康熙三十四年（公元 1695 年）重建后的形制。太和殿是整个紫禁城的建筑主体和核心空间，上承重檐庑殿顶，下坐 3 层汉白玉台阶，采用金龙和玺彩画，屋顶仙人走兽多达 11 件，开间 11 间，均采用最高形制，殿前设有广场，为整个宫城的主体建筑和核心空间，太和殿为中国现存最大木构架建筑之一。

祈年殿（图 2.6）是天坛的主体建筑，又称祈谷殿，是明清两代皇帝孟春祈谷之所。它是一座镏金宝顶、蓝瓦红柱、金碧辉煌的彩绘三层重檐圆形大殿。祈年殿采用的是上殿下屋的构造形式。大殿建于高6米的白石雕栏环绕的三层汉白玉圆台上，即为祈谷坛，颇有拔地擎天之势，壮观恢弘。祈年殿为砖木结构，殿高38米，直径32米，三层重檐向上逐层收缩作伞状。该殿建筑独特，无大梁长檩及铁钉，28根楠木巨柱环绕排列，支撑着殿顶的重量。祈年殿是按照"敬天礼神"的思想设计的，殿为圆形，象征天圆；瓦为蓝色，象征蓝天。殿内柱子的数目，据说也是按照天象来定的。内围的4根"龙井柱"象征一年四季春、夏、秋、冬；中围的12根"金柱"象征一年12个月；外围的12根"檐柱"象征一天12个时辰。中层和外层相加的24根，象征一年24个节气。3层总共28根柱子象征天上28星宿。再加上柱顶端的8根童柱，总共36根，象征36天罡。宝顶下的雷公柱则象征皇帝的"一统天下"。祈年殿的藻井是由两层斗栱及一层天花组成，中间为金色龙凤浮雕，结构精巧，富丽华贵。

图2.5 故宫太和殿

图2.6 祈年殿

## 2.1.4 中国古代园林建筑

中国古建筑的艺术成就，还体现在皇家园林建筑和私家园林建筑中。在北京西郊，到乾隆中期形成了庞大的皇家园林集群，其中规模最大的5处——圆明园、畅春园、香山静宜园、玉泉山静明园、万寿山颐和园。其中香山静宜园是带有浓郁山林野趣的大型山地园；玉泉山静明园是以山景为主，兼有小型水景的天然山水园；畅春园是康熙首次南浔后，全面引进江南造园艺术的皇家大型人工山水园。

颐和园是中国现存规模最大、保存最完整的皇家园林(图2.7)，中国四大名园(另三座为承德避暑山庄、苏州拙政园、苏州留园)之一。颐和园位于北京市海淀区，距北京城区15千米，占地约290公顷；它是利用昆明湖、万寿山为基址，以杭州西湖风景为蓝本，汲取江南园林的某些设计手法和意境而建成的一座大型天然山水园，也是保存得最完整的一座皇家行宫御苑，被誉为皇家园林博物馆。颐和园内建筑以佛香阁为中心，园中有景点建筑物百余座、大小院落20余处，3555座古建筑，面积70000多平方米，共有亭、台、楼、阁、廊、榭等不同形式的建筑3000多间，古树名木1600余株。其中佛香阁、长廊、石舫、苏州街、十七孔桥、谐趣园、大戏台等都已成为家喻户晓的代表性建筑。颐和园集传统造园艺术之大成，万寿山、昆明湖构成其基本框架，借景周围的山水环境，饱含中国皇家园林的恢弘富丽气势，又充满自然之趣，高度体现了"虽由人作，宛自天开"的造园准则。颐和园亭台、长廊、殿堂、庙宇和小桥等人工景观与自然山峦和开阔的湖面相互和谐、艺术地融为一体，整个园林艺术构思巧妙，是集中国园林建筑艺术之大成的杰作，在中外园林艺术史上地位显著。

图 2.7　颐和园景色

　　留园位于苏州阊门外，原是明嘉靖年间太仆寺卿徐泰时的东园。清嘉庆年间，刘恕以故园改筑，名寒碧山庄，又称刘园。同治年间盛旭人其子盛宣怀（清著名实业家、政治家、上海交通大学创始人）购得，重加扩建，修葺一新，取留与刘的谐音，始称留园。科举考试的最后一个状元俞樾作《留园游记》，称其为吴下名园之冠。留园内建筑的数量在苏州诸园中居冠，厅堂、走廊、粉墙、洞门等建筑与假山、水池、花木等组合成数十个大小不等的庭园小品（图 2.8）。其在空间上的突出处理，充分体现了古代造园家的高超技艺、卓越智慧和江南园林建筑的艺术风格和特色。留园全园分为四个部分，在一个园林中能领略到山水、田园、山林、庭园四种不同景色：中部以水景见长，是全园的精华所在；东部以曲院回廊的建筑取胜，园的东部有著名的佳晴喜雨快雪之厅、林泉耆硕之馆、还我读书处、冠云台、冠云楼等十数处斋、轩，院内池后立有三座石峰，居中者为名石冠云峰，两旁为瑞云、岫云两峰；北部具农村风光，并有新辟盆景园；西区则是全园最高处，有野趣，以假山为奇，土石相间，堆砌自然。池南涵碧山房与明瑟楼为留园的主要观景建筑。留园内的建筑景观还有表现淡泊处世之坦然的"小桃源（小蓬莱）"以及远翠阁、曲溪楼、清风池馆等。

图 2.8　苏州留园景色

《园冶》是我国第一本园林艺术理论的专著,由明末造园家计成著。全书共3卷,阐述了作者造园的观点,详细地记述了如何相地、立基、铺地、掇山、选石,并绘制了两百余幅造墙、铺地、造门窗等的图案。书中既有实践的总结,也有作者对园林艺术独创的见解和精辟的论述,反映了中国古代造园的成就,总结了造园经验,是一部研究古代园林的重要著作,为后世的园林建造提供了理论框架及可供模仿的范本。

## 2.1.5 中国乡土建筑

中国乡土建筑,汇集了千百年来中国各民族的生活习俗宗教信仰、能工巧匠的建造技法和优秀的建筑艺术,是我国建筑史上的活化石,具有高度的深入分析价值。

四合院(图2.9)属砖木结构建筑,房架子檩、柱、梁(柁)、槛、椽及门窗、隔扇等均为木制,木制房架子周围则以砖砌墙。梁柱门窗及檐口椽头都要油漆彩画,虽然没有宫廷苑囿那样金碧辉煌,但也是色彩缤纷。墙习惯用磨砖、碎砖垒墙,所谓"北京城有三宝……烂砖头垒墙墙不倒"。屋瓦大多用青板瓦,正反互扣,檐前装滴水,或者不铺瓦,全用青灰抹顶,也称"灰棚"。四合院的大门一般占一间房的面积,其零配件相当复杂,仅营造名称就有门楼、门洞、大门(门扇)、门框、腰枋、塞余板、走马板、门枕、连槛、门槛、门簪、大边、抹头、穿带、门心板、门钹、插关、兽面、门钉、门联等,四合院的大门就由这些零部件组成。大门一般是油黑大门,可加红油黑字的对联。进了大门还有垂花门、月亮门等。垂花门是四合院内最华丽的装饰门,称"垂花"是因此门外檐用牌楼作法,作用是分隔里外院,门外是客厅、门房、车房马号等"外宅",门内是主要起居的卧室"内宅"。没有垂花门则可用月亮门分隔内外宅。垂花门油漆得十分漂亮,檐口椽头椽子油成蓝绿色,望木油成红色,圆椽头油成蓝白黑相套如晕圈之宝珠图案,方椽头则是蓝底子金万字绞或菱花图案。前檐正面中心锦纹、花卉、博古等,两边倒垂的垂莲柱头根据所雕花纹更是油漆得五彩缤纷。四合院的雕饰图案以各种吉祥图案为主,如以蝙蝠、寿字组成的"福寿双全",以插月季的花瓶寓意"四季平安",还有"子孙万代"、"岁寒三友"、"玉棠富贵"、"福禄寿喜"等,展示了老北京人对美好生活的向往。

图2.9 四合院

客家土楼(图2.10),也称客家土围楼、圆形围屋,是世界民居中一朵罕见的奇葩。它主要分布在福建省的龙岩市，漳州、广东饶平县、大埔县。永定客家土楼坐落在福建省龙岩市永定县内。地域广阔、历史悠久的中国，民居丰富多彩，四合院、围龙屋、石库门、蒙古包、窑洞、竹屋等，早已为世人所知晓，而掩藏在崇山峻岭之中的福建省永定客家土楼，却鲜为人知。在我国的传统住宅中，永定的客家土楼独具特色，有方形、圆形、八角形和椭圆形等形状的土楼共有 8000 余座，既科学实用，又有特色，规模之大，造型之美，历史之悠久，构成了一个奇妙的世界。建造土楼，就地取材，用当地的粘沙土混合夯筑，墙中每 10 厘米厚层布满竹板式木条作墙盘，起到相互拿力的作用，施工方便，造价便宜。土楼群的奇迹，充分体现了客家人集体的力量与高超智慧，同时也闪耀着中华民族优秀文化的光彩，自改革开放以来，永定土楼越来越为世人所瞩目。位于永定县湖坑镇洪坑村的振成楼，闻名世界，被称为人类文明史上的一颗明珠。

图 2.10　客家土楼景色

　　中国的西藏碉楼民居(图 2.11)。它一般建在山顶或河边，以毛石砌筑墙体，为了起到防御功能，房屋建成像碉堡的坚实块体。常分为三层，首层贮藏及饲养牲畜；二至三层为居室，设平台及经堂，经堂是最神圣的地方，设在顶屋。由于少雨，木结构以石片及石块压边。大型的西藏民居单独设置可以瞭望的碉楼，厨房和厕所也是单独设置的，厨房顶上有出气孔，厕所有时架高或悬空以便粪落下后收集积肥，做饭及取暖的燃料是牛粪。藏居的外观特征是在厚实的石块墙体上面挑出的木结构平顶挑廊。

图 2.11　西藏碉楼景色

# 2.2 西方古建筑发展脉络

## 2.2.1 古埃及时期建筑

古埃及的建筑作为手工艺产品，完美地诠释了公元前3100年开始至公元前332年间古埃及社会的生产力与人们的建筑观。

金字塔是埃及古王国时期的建筑代表类型。它的发展演变由以下内容构成：首先，金字塔的型制由早期的玛斯塔巴（平台式）过渡到阶梯式，最后成为方锥式（图2.12）；其次，它由功能实用型向艺术纪念型发展；再次，祭祀厅堂由墓顶移至塔前，位置由重变轻；构图形式由平缓向高、向集中式方向发展；最后，金字塔使用的材料由土坯到砖到石，符合纪念性建筑特征——永久性。我们今天所见的吉萨金字塔群（图2.13），就是古埃及金字塔最成熟的代表。

图2.12 昭赛尔金字塔

图2.13 吉萨金字塔群

太阳神庙（图2.14）是埃及新王国时期的建筑代表，它的形制来自古埃及的地方神庙的布局，是在一纵轴线上依次排列着大门、围柱式院落、大殿和密室。太阳神庙强调了对神灵崇拜的艺术氛围，大门之间采用对比的手法、主从的构图来处理，形成完整统一的艺术特色。建筑实体部分的方尖碑、圣羊像代表神圣，大门代表世俗，以此烘托出一种宗教氛

图2.14 现存太阳神庙外观

围。皇帝在这里被一套套仪式崇奉为"泽被万物的恩主"。空间内布满柱子的大殿，压抑的氛围更容易让人产生崇拜的心理。从侧高窗进来的光线被窗棂撕破，散落在柱子上与地面上缓缓移动，更增加了大厅的神秘气氛，显示法老的威严。从金字塔到太阳神庙，古埃及建筑发生了从外部形象向内部的空间转化，以及从纪念性向宗教性的功能转变。

### 2.2.2 古希腊时期建筑

古希腊建筑仍为农业社会的建筑，从公元前 2000 年开始至公元前 30 年结束，2000 多年来希腊的建筑虽然经历了中世纪的曲折，但在欧洲基本上还是一脉相承。欧洲人习惯地把希腊罗马文化称为古典文化，把其建筑称为古典建筑。

古希腊的建筑以人文主义思想为中心，一方面，强调人的作用，认为人体是最美丽的，将神拟人化，于是有了神庙的形成，神庙是"神居住的地方"；另一方面，强调格调，结构逻辑强，体量宜人。对柱式的影响是结构严谨、条理清晰、水平构件水平划分、垂直构件垂直划分、承重与非承重部分划分明确。

古希腊流行两种柱式：一种是意大利、西西里一带的寡头城邦里的多立克式，因为那里主要住着多立克人，寡头政治文化贵族艺术趣味反映在柱式上，形成仿男体刚毅雄伟的多立克柱式；另一种是流行于小亚细亚先进共和城邦里的爱奥尼式，那里主要住着爱奥尼人，共和政体的平民文化反映在柱式上，形成了仿女体柔和端丽、比例轻快、开间宽阔的爱奥尼式，这种艺术追求贯彻在柱式风格的推敲中，反映出对人气质和品格的理解和尊重。多立克、爱奥尼和后来出现的科林斯式，并成为古希腊著名的三大柱式(图 2.15)。

公元前 5 世纪，为了赞美雅典娜，纪念反侵略战争的胜利，为各行业工匠提供就业机会，人民在希腊建造了雅典卫城(图 2.16)。雅典卫城位于雅典市中心的一座小山丘上，仅西面有一通道盘旋而上，建筑物分布在山顶的一天然平台上：东西约 280 米、南北约 130 米。卫城的中心是雅典城的保护神雅典娜像，主要建筑有帕提农神庙(图 2.17)、伊瑞克提翁神庙、胜利神庙和卫城山门。其中，帕提农神庙建于公元前 447 年—公元前 432 年，是古希腊本土最大的多立克式庙宇，位于卫城最高处，是雅典卫城的主题建筑物。

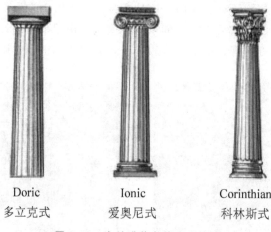

Doric
多立克式

Ionic
爱奥尼式

Corinthian
科林斯式

**图 2.15 古希腊著名的三大柱式**

图 2.16 雅典卫城

图 2.17 帕提农神庙

从建筑规模上看古希腊的建筑小而精，在空间处理上是以外部空间为主，具有雕塑性，且不发达，结构也有限，在艺术处理上是以实体为主；风格为典雅主义雕塑，即把建筑当作雕刻来对待。雕塑型空间与周围环境的关系不是围合的，而是以某个建筑为中心向周围发散，建筑立面上多雕刻是古希腊艺术的重点，深入建筑内部的导向性不强。

### 2.2.3 古罗马时期建筑

古罗马建筑是在古希腊建筑的基础上产生的，这时公共建筑的类型丰富，并有了固定的模式。建筑技术上引进西亚技术生产面砖，出现了拱券的结构形式。风格上融入了东方文化，产生了有关构图的法则，例如集中式纪念性建筑的构图手法。

拱券技术是罗马建筑最大的特色与成就，发明了筒形拱、穹顶、十字拱、拱顶系列、肋架拱，适应了功能要求，解放了空间，使古罗马建筑成为真正的建筑，初步形成了有轴线的内部空间序列手法，并取得了穹顶统率大空间的巨大成就，如万神庙(图 2.18)。

古罗马在继承古希腊柱式的基础上形成了更多的结构形式，券柱式和连续券解决了柱式与拱券结构的矛盾，叠柱式和巨柱式解决了柱式与多层建筑的矛盾，复合柱式解决了柱

图 2.18　古罗马万神庙及其穹顶

式与巨大体积的矛盾，例如法国的加尔桥（Pont du Gard）（图 2.19）。另外，罗马大角斗场（图 2.20）是古罗马时期最具代表性的建筑之一，它长轴为 188 米，短轴为 156 米，周长为 527 米，最多可容纳 5 万人同时观看表演。大角斗场的立面分四层，高为 48.5 米，采用典型的叠柱式构图，这座建筑物的成就很高，尤其是它的形制，在体育建筑中一直沿用至今。

图 2.19　加尔桥（Pont du Gard）

图 2.20　古罗马大角斗场

在空间创造方面，罗马人重视空间的层次、形体和组合，并使之达到宏伟富于纪念性的效果，尤其是在大空间的塑造上贡献卓越，形成了各种拱顶之间的平衡体系，摆脱了承重墙结构，新型结构的产生使空间有变大的可能，从而产生了集中式的平面，例如万神庙、竞技场等；内部空间成为建筑的主角，纵横轴线的产生构成了明显的中心。结构上，光辉的拱券结构技术，形成了拱顶体系，初步摆脱了承重墙的限制。空间处理上，新创了拱券覆盖下的内部空间，既有庄严的万神庙的单一空间，又有层次多、变化大的皇家浴场的序列式复合空间，还有成为此后教堂建筑平面模本的巴西利卡形式出现（图 2.21）。

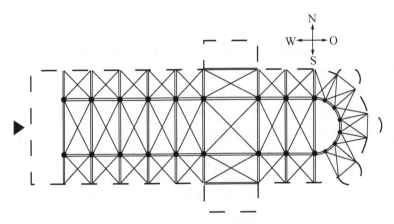

图 2.21　巴西利卡平面布局

## 2.2.4　拜占庭时期建筑

公元 330 年，罗马帝国迁都于拜占庭，并用当时皇帝君士坦丁的名字命名，改城名为"君士坦丁堡"，即今天土耳其首都伊斯坦布尔。公元 395 年，东西罗马帝国分裂，东罗马帝国成为拜占庭帝国。

圣索菲亚大教堂（建于公元 532—537 年）是拜占庭时期最光辉的建筑代表（图 2.22），

图 2.22　圣索菲亚教堂外景与内景

它采用集中式布局和穹顶结构体系，中央穹顶直径为 32.6 米，高为 15 米，有 40 个肋，用帆拱（图 2.23）架在 4 个高为 7.6 米的墩子上。中央穹顶的侧推力用东西两侧的半穹支撑。半穹的侧推力则由它两侧的两个更小的半穹支撑。中央穹顶在南北向的侧推力由廊墙抵住。这套体系（结构）的关系明确，层次井然，显现出匠师们对结构所受的力已经有了相当准确的分析能力。圣索菲亚大教堂的内部空间既集中统一又曲折多变。东西两侧逐个缩小的半穹顶造成了步步扩大的空间层次，但又有明

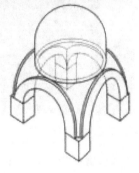

图 2.23　帆拱示意图

确的向心性，层层涌起，突出中央穹顶的统帅地位，集中统一，南北两侧的空间通过柱廊同中央部分相通，它们内部又有柱廊作划分。层次多了，产生空间漫无际涯的感觉。

到拜占庭时期，已经由奴隶制社会进入到封建社会，与万神庙进行对比更能体会到随着时代的更替，建筑上产生的长足变化。圣索菲亚大教堂是拜占庭时期基督教文化的产物，万神庙是古罗马时期古典文化的产物。在外部空间上，万神庙比较简单，圣索菲亚大教堂比较丰富。在内部空间上，圣索菲亚大教堂是多变的、有层次感、向心的，圣索菲亚大教堂有几种统一的内部空间。万神庙更高更宽阔，空间增大了纵深，比较适合宗教仪式的需要，万神庙是集中统一的。圣索菲亚大教堂的延展的、复合的空间，比起古罗马万神庙单一的、封闭的空间来，是结构上重大的进步，跟着便引发建筑空间组合的重大进步。但万神庙内部的单纯完整、明确简练、庄严肃穆，都远胜过圣索菲亚大教堂。在空间气氛上，万神庙是简练、朴素、庄严；圣索菲亚大教堂则是色彩艳丽、昏暗、神秘。

## 2.2.5 哥特式建筑

哥特式建筑是欧洲中世纪的主要建筑形式，是罗马风建筑的进一步发展，形成的建筑风格完全脱离了古罗马的影响。以尖券、尖形肋骨拱顶、大坡度双坡屋面、教堂钟塔、飞扶壁、束柱、花窗棂等为特点的建筑新类型，主要应用于教堂建筑中。最具代表性的哥特式建筑是巴黎圣母院(图2.24)，它位于巴黎城中岛上，入口朝西，前面为市民集市和节日活动用的广场。教堂平面宽约47米，进深125米，可容纳近万人；东端有半圆形通廊；中厅很高为侧廊的3倍半；用柱墩承重，使得柱墩之间可以全部开窗，并有尖券、拱顶、飞扶壁等；正面是一对60多米高的塔楼；粗壮的墩子把立面分成三段；中间是玫瑰花窗，两侧为尖券形窗，到处可见垂直线条和小尖塔，体现了哥特式建筑的特点。尤其是中央高达90米的尖塔与前面一对塔楼，使远近市民在狭窄的街道上举目可见。

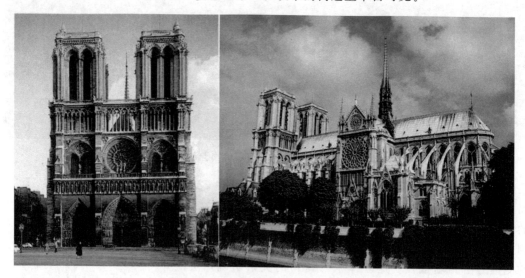

图2.24 巴黎圣母院主立面与侧立面

飞扶壁，是12～15世纪哥特式教堂在结构上的一大创造，它由扶壁和飞券两部分组成，在侧廊的外墙上按一定的距离排列若干粗壮的墙垛，这个墙垛被称为扶壁，在其上再做一道拱券(也称为飞券),飞跨侧廊屋顶直抵中厅拱顶的券脚,扶壁与飞券共同产生向内的推力,抵消中厅拱顶向外的推力,扶壁与飞券完美的结合成一个整体,被称为飞扶壁。它解决了水平推力的问题,缩小了中厅与侧厅之间的墩柱的断面,加强了两部分的联系(图2.25)。

图2.25 飞扶壁实景与示意图

## 2.2.6 文艺复兴建筑

文艺复兴时期建筑是建筑史上继哥特式建筑之后,出现的又一种建筑风格。15世纪,产生于意大利,后来被传播到其他地区,形成了带有各自风格的文艺复兴建筑。其中以意大利的成就最高,在文艺复兴建筑中占有非常重要的地位。历史分期:文艺复兴早期以佛罗伦萨为中心;文艺复兴盛期以罗马为中心;文艺复兴晚期以维晋察为中心。强调人文主义,以"人道"反对"神道",以"人权"反对"神权",提倡尊重人和以人为中心的世界观,即所谓个性解放。文艺复兴时期建筑在轮廓上强调整齐统一,广场建筑活跃,建筑理论得到系统的认识与总结。建筑结构没有太大创新,但施工水平有了很大提高,人才辈出,提倡世俗文化,强调理性。

佛罗伦萨主教堂(图2.26)由伯鲁乃列斯基设计,标志着意大利文艺复兴建筑史的开始。主教堂在平面上,冲破了天主教对集中式平面的戒律,在拉丁十字上建造了集中式的穹顶,创造了宗教建筑空间的新概念。在外观上,反古罗马与拜占庭那种半露半掩的做

图2.26 佛罗伦萨主教堂

法，而在穹顶下加了一个 12 米高的鼓座，把穹顶完全暴露出来，在外观上创造了新形象。在结构上，第一，穹顶轮廓采用矢形的，大致是双圆心的。第二，用骨架券结构，穹顶分为里外两层，中间是空的，这个穹顶借鉴了哥特式的结构经验，甚至是阿拉伯的结构经验，而较少古罗马色彩，是全新的创造。在施工上，虽然是高空作业，但是脚手架搭得十分简洁，节省木材又很适用，伯鲁乃列斯基创造了平衡锤和滑轮组这种垂直运输机械。

坦比哀多（图 2.27）由伯拉孟特设计，是文艺复兴盛期纪念性建筑的典型代表，是一座集中式的圆形平面的罗马神殿式小教堂，周围一圈 16 根多立克柱子，高 3.6 米，连穹顶上的十字架在内，总高度 14.7 米，有地下墓室；集中式的形体，饱满的穹顶，圆柱形的神堂与鼓座，外加一圈柱廊，使它的体积感很强。坦比哀多的建筑物虽小，但有层次，有几种几何形体的变化，有虚实的映衬，构图很丰富，以高居于鼓座上的穹顶统率整体的集中式形制，是在西欧前所未有的创新，影响很多后世建筑。

圣彼得大教堂被称为意大利文艺复兴时期最伟大的建筑，它是世界上最大的天主教堂。许多著名建筑师和艺术家，如伯拉孟特、拉斐尔、米开朗基罗等都曾参与设计与施工，历时 120 年建成。它的平面为拉丁十字形，大穹隆内径 41.9 米，从上面采光塔顶上十字架顶端到地面为 137.7 米。教堂内部富丽堂皇，外墙面以大柱式做装饰，是原罗马城的制高点（图 2.28）。

图 2.27　坦比哀多

图 2.28　圣彼得大教堂

圆厅别墅（图 2.29）是帕拉第奥设计的庄园府邸中最为著名的一座，是文艺复兴府邸的晚期代表。别墅的外形由明确而单纯的几何体组成，显得十分凝练。方形主体、鼓座、圆锥形顶子、三角形山花、圆柱等等多种几何形体相互对照着，变化很丰富。同时，主次十分清楚，垂直轴线相当显著，各部分构图联系紧密，位置肯定，所以形体统一、完整。四面柱廊进深很大，不仅增加了层次，构成了光影，而且使建筑物同周围广阔的郊野产生了虚实的渗透。整栋建筑比例和谐，构图严谨。

威尼斯圣马可广场（图 2.30），基本是在文艺复兴时期完成的，广场的中心是圣马可教堂，建在大广场的东段，北侧是旧市政大厦，南侧是新市政大厦。广场用完整的空间加以统一，用两根柱子加以限定。立面的各个节点统一是用发圆券连接起来的，立面以横向水平划分。广场是横向的，而钟楼则在纵向上控制构图点，一横一竖构成对比，城市狭窄的水道空间与广场的博大开阔又形成空间对比，梯形广场从东到西，利用视觉误差加深纵深感。广场还有与中国造园借景相似的设计手法，海岸边两柱子限定了景框，将距海边400米的岛上修道院引入广场，成为面向大海的视觉对景中心。

图2.29 圆厅别墅

图2.30 圣马可广场

文艺复兴时期的建筑处于资本主义萌芽时期，人文主义思想是建筑设计的主线，提倡以人为中心，反对以神为中心。针对中世纪的宗教压迫，指出美是客观的美，是可以被感知的。认为美是有规律的，这个规律即是几何与数的和谐；认为美存在于和谐完整之中，美与比例和尺度有关；认为人体是"匀称"的完美典范，承认美的规律的普遍性，对建筑的演进具有积极的意义。

## 2.2.7 巴洛克建筑

巴洛克建筑风格是17～18世纪在意大利文艺复兴建筑基础上发展起来的一种建筑和装饰风格，原意畸形的珍珠，引申为不整齐、扭曲、怪诞的建筑，源于晚期文艺复兴手法主义，古典主义者用巴洛克来称呼这种被认为离经叛道的建筑风格。其建筑特点为珠光宝气，追求新奇，打破雕刻、建筑、绘画的界限，趋向自然非理性(图2.31)。

圣彼得广场(图2.32)是意大利巴洛克时期最重要的广场，由意大利著名建筑师伯尼尼设计。广场以方尖碑为中心，为横向的长圆形，广场与教堂之间用一个梯形的广场相连。两个广场均以粗壮的塔司干柱式包围，柱子密密层层，光影变化剧烈。

图2.31 巴洛克建筑立面

图2.32 圣彼得广场

### 2.2.8 洛可可建筑

同意大利文艺复兴晚期出现了巴洛克一样，法国古典主义在 17 世纪末 18 世纪初开始衰落却出现了洛可可艺术风格。它的建筑特点是，轻松愉快幽雅，善于从自然中汲取曲线形象，建筑外部表现比较少，主要表现内部装饰，这种风格反映着贵族们苍白无聊的生活和娇弱敏感的心情，以及对世俗享受生活的追求。代表建筑为巴黎苏俾士府邸的客厅(图 2.33)。

图 2.33　巴黎苏俾士府邸的客厅

### 2.2.9 复古思潮建筑

古典复兴建筑是 18 世纪 60 年代至 19 世纪末资本主义建立初期，流行于欧美的一种建筑潮流。这类建筑采用严谨的古代希腊、罗马建筑形式，即以古典柱式、穹顶等古典建筑要素作为建筑立面构图的主要标志，又称新古典主义(图 2.34)。

(a) 林肯纪念堂　　　　　　　　　　　　(b) 凯旋门

图 2.34　古典复兴建筑代表

浪漫主义建筑是 18 世纪中后期至 19 世纪下半叶以英国为中心的一种艺术思潮，在建筑上表现为以复兴中世纪的贵族寨堡、东方情调为主的先浪漫主义和以复兴哥特式建筑为主的后浪漫主义两种形式,后者也叫哥特复兴,它主要反映的是英国的一些艺术家们对资本主义和工业化的不满,以及对中世纪艺术的眷顾(图 2.35)。

图 2.35 浪漫主义建筑代表(英国国会大夏)

折中主义是复古思潮当中的一种重要建筑思想,它越过新古典主义与浪漫主义,在建筑式样上的局限,任意选择与模仿历史上的各种风格,把它们组合成各种式样的折中主义建筑(图 2.36)。

(a) 哈尔滨的哈铁文化宫      (b) 巴黎的圣心教堂

图 2.36 折中主义建筑代表

# 2.3 近现代建筑与建筑师

## 2.3.1 复古思潮到现代的转折

工业革命改变了世界的面貌,随着新时代的来临,生产力的变化对上层建筑的影响越发强烈,时代要求创造工业社会的新建筑,反对复古思潮。1850 年伦敦水晶宫(图 2.37)用新材料、新技术创造了前所未有的新形式,显示了金属结构与玻璃材料的巨大作用,被称为世界上第一座新建筑,也是世界上最早的装配式建筑,显示出预制构件和装配化在建筑中的优越性，对 20 世纪中后期的玻璃摩天楼影响深远。水晶宫施工从 1850 年 8 月开始到 1851 年 5 月 1 日结束，总共不到 9 个月就全部装配完成，体现了真正的高速度。

图 2.37　水晶宫

工业化的进程影响着建筑的发展，在欧洲各国出现了各种各样的新建筑运动。19 世纪 50 年代英国开始了工艺美术运动，它是资产阶级浪漫主义思想的反映，首先开始于手工业，后来影响到建筑。以拉斯金、莫里斯为代表，否定工业革命，反对机械制的产品，认为机器粗制滥造，把机械看成是一切文化的敌人，提倡艺术化的手工业产品；反对盛行的复古思潮，提倡在建筑形式上不抄袭历史式样；崇尚自然，强调建筑材料的自然性；提倡用田园式的住宅来摆脱古典形式。"红屋"（图 2.38）是工艺美术运动的代表作品。它采用非对称的平面布局 L 形，按功能要求而非外在形式来安排房间，打破了传统住宅的面貌与布局手法，在居住建筑的设计合理化上迈出了一大步，表现了建筑材料的自然属性；使用当地红砖，不加粉饰与装饰，充分体现了崇尚自然的思想。它艺术造型独特，是功能、艺术、材料相结合的范例，对后来的现代主义建筑有积极的影响。

图 2.38　红屋

新艺术运动 19 世纪末产生于比利时布鲁塞尔，发起了改变建筑形式的信号：对机械生产给予肯定，讲究机械美，采用钢铁、玻璃为新材料；宣告历史式样的绝迹，反对历史式样，但把设计只当作艺术创作，提倡艺术家的情感表现；只沉醉于曲线的波动当中，并未解决建筑与形式的实质矛盾，只在装饰形式上反传统，代表作为布鲁塞尔都灵路 12 号住宅（图 2.39）。与此同时出现的还有 1897 年产生于奥地利维也纳的维也纳分离派建筑（图 2.40）；以德国达姆施塔特建筑师之家为代表的新青年风格建筑（图 2.41）。

图2.39 新艺术运动建筑　　　　图2.40 维也纳分离派建筑　　　　图2.41 新青年风格建筑

## 2.3.2 现代建筑的开端

德意志制造联盟(Deutscher Werkbund)于1907年成立，是德国第一个设计组织，是德国现代主义设计的基石。它在理论与实践上都为20世纪20年代欧洲现代主义设计运动的兴起和发展奠定了基础。1909年，联盟的主要成员贝伦斯设计的德国通用电气公司的透平机车间(图2.42)，被誉为第一座真正的现代建筑。建筑中既有现代手法：如大玻璃，反映了结构的屋顶，简洁的造型，也保留了传统的要素，如结构上不需要的隔石。屋顶由三铰拱构成，避免了柱子，为开敞的大空间创造了条件。在柱墩间开足了大玻璃窗，满足采光。侧面山墙的轮廓与屋顶的多边形钢屋架一致，打破了传统。

图2.42 德国通用电气公司的透平机车间

1911年联盟成员瓦尔特·格罗皮乌斯(Walter Gropius，1883—1969)与A·迈尔(Adolf Meyer)设计的德国法古斯工厂(Fagus Factory)是一座由10座建筑物组成的建筑群，是现代建筑与工业设计发展中一个里程碑，也是欧洲及北美建筑发展的里程碑。在法古斯工厂(图2.43)，我们可以看到，设计开创性地运用了功能美学原理，非对称的构图，简洁整齐的墙面，没有挑檐的平屋顶，并大面积地使用玻璃构造幕墙，取消柱子的建筑转角。随后格罗皮乌斯在德国魏玛创立包豪斯设计学院(Bauhaus)，1919年包豪斯建筑学派提倡建筑设计与工艺的统一，艺术与技术的结合。1925年，学校迁至德绍，新校舍(图2.44)由格罗皮乌斯设计，设计将大量的光线引入室内，是当时现代主义建筑学派的主张，也是现代主义注重功能的一个表现，设计强调简约朴素的风格，坚定地确立了现代主义建筑风格。

图 2.43　法古斯工厂

图 2.44　包豪斯校舍

包豪斯学校的另一位校长，密斯·凡·德·罗（Mies Van der Rohe，1886—1969）是现代主义建筑的先驱者，他于 1928 年，提出著名的"少就是多"的设计观点，"少"不是空白而是精简，"多"不是拥挤而是完美。此外，还提出流动空间理论，巴塞罗那博览会德国馆（图 2.45），就充分表达了密斯的设计思想。

图 2.45　巴塞罗那博览会德国馆

1926 年勒·柯布西耶（Le Corbusier，1887—1965）提出新建筑的五个特点：底层独立支柱、屋顶花园、自由的平面、横向的长窗和自由的立面。1928 设计了其代表建筑萨伏伊别墅（图 2.46），其建筑外形简单，内部空间复杂，充分体现了柯布机器美学的艺术倾向。

图 2.46　萨伏伊别墅

弗兰克·劳埃德·赖特（Frank Lloyd Wright，1869—1959）在《有机建筑》一书中说：

"现代建筑是一种自然的建筑，是属于自然的建筑，也是为自然而创作的建筑。"流水别墅（图 2.47）是赖特的经典作品，于 1936 年设计。该建筑在选址上体现了与自然环境的融合。赖特以其建筑无与伦比的艺术美向世人证明：摆脱了历史式样与折中主义，仍然可以创造美的建筑。其思想增强了现代主义者摆脱传统，创造新风格的信心。

图 2.47　流水别墅

密斯·凡·德·罗、瓦尔特·格罗皮乌斯、勒·柯布西耶和弗兰克·劳埃德·赖特并称为现在主义建筑大师，他们所倡导的现代主义建筑设计理念可以归纳为：倡导简单明确的形式，反对增加成本的装饰，采用新工业建筑材料，强调功能与理性原则，少即是多的原则为主导。

### 2.3.3　现代建筑的发展

战后初期（20 世纪 40 年代末至 60 年代）建筑设计向技术精美化发展，它最先流行于美国。代表建筑有 SOM 事务所（美国建筑师协会 25 周年奖获得者）设计的纽约利华大厦（图 2.48），是二战后美国最早的国际式之一，也世界上第一座全玻璃幕墙的高层建筑。另外，SOM 事务所设计的芝加哥西尔斯大厦（图 2.49），是 20 世纪世界最高的建筑之一。此外，密斯和菲利普约翰逊设计的西格拉姆大厦（图 2.50），建于 1954—1958 年，也是现代建筑发展的重要里程碑。

图 2.48　纽约利华大厦　　　图 2.49　芝加哥西尔斯大厦　　　图 2.50　西格拉姆大厦

随着现代建筑的发展，逐渐产生第二代现代主义建筑大师，代表人物有菲利普·约翰逊（Philip Johnson，1906—2005），SOM 事务所（Skidmore，Owings and Merrill），贝聿铭（Ieoh Ming Pei）等。

# 2.4 当代西方建筑与建筑师

从当代西方建筑的发展来看，大概有三条主要脉络值得重点关注：第一，是在 20 世纪 60—70 年代产生与发展起来的后现代主义建筑；第二，是进入 20 世纪 80 年代后，解构主义建筑登上历史舞台；第三，是高技派建筑发展之路。

## 2.4.1 后现代主义建筑

后现代主义建筑是指 20 世纪 60 年代后期开始，由部分建筑师和理论家以一系列批判现代建筑派的理论与实践而推动形成的建筑思潮。《后现代主义建筑语言》由美国建筑评论家查理斯·詹克斯于 1977 年出版，这本书宣告现代主义建筑已经死去，后现代主义建筑的潮流正在涌起，他把语言学和符号学的观念和方法引入建筑学，将建筑当做一种语言来对待。1972 年，文丘里发表了他的《向拉斯维加斯学习》，他提出的建筑的定义是：建筑是带有象征标志的遮蔽物，或建筑是带上装饰的遮蔽物。1962 年文丘里设计的母亲住宅是他早期作品中最著名的一座建筑（图 2.51）。该建筑清晰、全面地阐释了文丘里所推崇的"建筑的复杂性与矛盾性"的设计哲学。

**图 2.51　文丘里母亲住宅**

波特兰大厦（图 2.52）由建筑师迈克尔·格雷夫斯设计的一座综合性办公大楼，位于美国波特兰市中心，大厦设计于 1980 年，1982 年建成。大厦平面为正方形，15 层高。立面上讲究历史文脉的延续，讲究建筑的象征寓意等，是后现代主义建筑中最引人注目的一座时代精品。

图 2.52　波特兰大厦

## 2.4.2　解构主义建筑

解构主义建筑兴起于 1988 年 6 月，当时纽约现代艺术博物馆举办解构建筑展，英国的《建筑设计》（A. D.）杂志出了三期解构主义建筑专刊，这一系列的活动标志着解构主义建筑成为一种建筑思潮开始活跃在西方建筑领域。解构一词有消解、颠覆固有原则之后重新构筑之意，也可以看做是对信息社会建筑的发展之路所做出的一种新的探索。解构主义建筑在整体形象上做得支离破碎，疏松零散，大量运用倾倒、扭转、弯曲、波浪形等富有动态的造型，在造型处理上极度自由，超脱建筑学已有的一切程式和秩序，避开古典的建筑轴线和团块状组合，力避完整，不求齐全，有的地方故做残损状，种种元素和各个部分的连接常常很突然，令人愕然，又耐人寻味。

雷姆·库哈斯是荷兰建筑师，解构主义建筑的代表人物。1975 年，库哈斯与艾利娅·曾格荷里斯、扎哈·哈迪德在伦敦创立了大都会建筑事务所（OMA），后来 OMA 的总部迁往鹿特丹。目前，库哈斯是 OMA 的首席设计师，也是哈佛大学设计研究所的建筑与城市规划学教授。库哈斯于 2000 年获得第二十二届普利兹克奖。中央电视台的新大楼便是由他所设计。

扎哈·哈迪德，2004 年普利兹克建筑奖获得者。她设计的维特拉消防站（图 2.53）充满了倾斜的几何线条，自由的节奏令人紧张得喘不过气来，墙面倾斜、屋顶跳动着晃动的曲线，或规则，或扭曲，而细部则呈现女性的柔美感，是典型的解构主义建筑作品。

丹尼尔·李伯斯金，运用解构语言设计了著名的柏林犹太人博物馆（图 2.54）。建筑以六角的大卫之星切割、解构再重组来表达犹太人在柏林所受的痛苦、曲折。平面呈曲折蜿蜒状，走势则极具爆炸性，墙体倾斜，使建筑形体呈现极度乖张，但是建筑中依然潜伏着与思想、组织关系有关的两条脉络，即充满无数的破碎断片的直线脉络和无限连续的曲折脉络。该博物馆的航空俯视照片（图 2.55），让人清楚地能看到锯齿状的建筑平面和与之交切的，由空白空间组成的直线，这些空白空间代表了真空，不仅仅是在隐喻大屠杀中消失的不计其数的犹太生命，也意喻犹太人民及文化在德国和欧洲被摧残后留下的、永远无法消亡的空白。该博物馆中陈列着犹太人档案的展廊沿着像锯齿形的建筑展开下去，而穿过

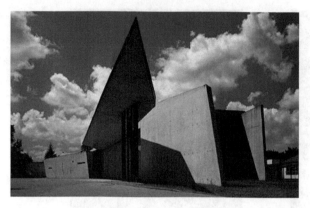

图 2.53　维特拉消防站

展廊的空空的、混凝土原色的空间没有任何装饰，只是从裂缝似的窗户和天窗透出模糊的光亮。

图 2.54　柏林犹太人博物馆　　　　　图 2.55　博物馆航空俯视照片

### 2.4.3　当代高技派

诺曼·福斯特是英国当代著名建筑师，1999 年普利兹克建筑奖获得者。他是一位善于走技术路线的建筑师，他的作品充满了技术的魅力。他认为：当今社会是技术主导下的社会，建筑师只要将技术搞好了，美就来了。他的代表作香港汇丰银行总部大楼（图 2.56）设计于 1979 年，1986 年完工并交付使用。该建筑是新技术和新设计理念相结合的产物，汇丰银行共 47 层，高 180 米，建筑平面为矩形，为变截面形式。汇丰银行的结构形式最具特色，采用的是悬挂钢结构，从而形成了一个形式新颖、受力清晰、坚固稳定的结构体系。汇丰银行外部造型顺应结构体系来表现建筑的艺术特色。纵向钢架、横向桁架、斜撑、杆件节点等结构原件充分暴露，直接表现出力的传递途径。立面沿高度由桁架分成了 5 段，楼身断面的变化又形成了错落有致的外部轮廓。外墙材料为铝板和玻璃，建筑细部经过精心推敲，把建筑的机械形象与高级工艺完美地结合在了一起，充分体现了"凡是技术达到最充分发挥的地方，它必然达到艺术的境地"这句经典名言。

图 2.56　香港汇丰银行总部大楼

伦佐·皮亚诺是一位享有国际盛誉的意大利建筑大师，1998 年普利兹克建筑奖获得者。他以全面而又鲜明的技术创作理念主导着自己的建筑创作，熟练地将各类原生态技术升华为艺术技术，为我们带来了众多特色鲜明的建筑作品。巴黎蓬皮杜文化艺术中心（图 2.57）是由伦佐·皮亚诺和他的合作者理查德·罗杰斯共同完成，是探索自由空间概念和艺术技术表达的重要作品。它全面地突破了传统的建筑创作理念及以往对历史符号的肤浅模仿，而是以一种全新的方式对建筑技术的原生态概念进行了彻底的颠覆，成功地构筑了属于新时代的建筑创作思想和表现手法。

图 2.57　巴黎蓬皮杜文化艺术中心

理查德·罗杰斯为英国建筑师，他在与伦佐·皮亚诺合作完成了蓬皮杜文化艺术中心的创作之后，自己成立了新的事务所，于 2007 年获得了普利兹克建筑奖，代表作为伦敦劳埃德大厦、欧洲人权法庭等。伦敦劳埃德大厦（图 2.58）的诞生将以表现新技术为目的建筑创作潮流推向了高潮，它的创作理念是：用当代的技术成果塑造一个灵活的大型公共建筑，并不加雕琢地表现建筑的技术美。建筑向人们炫耀着当代技术的伟大成就，宣告着高科技时代的来临。

图 2.58　伦敦劳埃德大厦

# 本 章 小 结

　　本章主要介绍中国古建筑和西方古建筑发展的历史脉络，近现代建筑的发展趋势，以及当代主要的建筑风格和代表作品。

# 思 考 题

1. 中国古建筑主要使用什么样的建筑材料？
2. 中国四大名园是什么？任选其一，说明其有什么特点。
3. 西方古建筑发展中，哪个时期的建筑是你印象最为深刻的？
4. 你最感兴趣的一位现代主义建筑大师是谁？
5. 请选取一位喜爱的建筑师作品，尝试进行分析。

# 第二篇　建筑设计

# 第**3**章
# 何为建筑设计

**教学目标**

主要讲述建筑设计的内容和需要解决的问题，建筑师与使用者的关系，建筑设计的基本要素、设计语汇及其建筑设计中的美学观点，通过本章的学习，达到以下目标：

(1) 了解建筑设计的内容；

(2) 了解建筑设计需要解决的问题；

(3) 了解建筑设计的各种语汇；

(4) 理解形式美的规律；

(5) 了解古典、现代和当代美学的审美倾向。

**教学要求**

| 知识要点 | 能力要求 |
| --- | --- |
| 建筑设计的基本内容 | (1) 了解建筑设计的概念<br>(2) 了解建筑设计的四个阶段 |
| 建筑设计需要解决的问题 | (1) 了解建筑设计功能的需求<br>(2) 了解建筑设计技术的需求<br>(3) 了解建筑设计艺术性的需求 |
| 建筑设计的语汇 | (1) 了解色彩设计的特点<br>(2) 了解材料设计的特点<br>(3) 了解光设计的特点<br>(4) 了解地域性设计的特点 |
| 形式美的规律 | 了解形式美的规律 |
| 建筑审美变异 | (1) 了解古典建筑的构图原理<br>(2) 了解现代建筑的技术美学<br>(3) 了解当代建筑的审美变异 |

**引言**

了解了中外建筑的整个演进过程，许多人可能要追问，这些建筑究竟是怎样被设计出来的呢？建筑设计是一个从无到有的过程，建筑师在设计过程中需要综合解决功能、技术、艺术和地域性等方面的问题，还要经历初步方案、技术设计和施工图设计等多个设计阶段，每个阶段还要进行多次修改以完善设计。本章主要介绍建筑设计的内容和需要解决的问题。

# 3.1 建筑设计概述

简单地说，建筑设计是指建筑物在建造之前，设计者按照建设任务的要求，把施工和使用过程中所存在的或可能发生的问题，事先拟定好解决这些问题的办法、方案，用图纸和文件的形式表达出来。

在古代，建筑技术和社会分工比较单纯，建筑设计和施工并没有很明确的界限，建筑的设计者也是施工的组织者和指挥者。在欧洲，由于以石料作为建筑物的主要材料，石匠的首脑承担着设计者的工作；在中国，由于建筑以木结构为主，设计者通常由木匠的首脑承担。他们根据建筑物的主人的要求，按照师徒相传的成规，加上自己一定的创造性，营造建筑并积累了丰富的建筑文化。

随着社会的发展和科学技术的进步，建筑设计所包含的内容、所要解决的问题越来越复杂，涉及的相关学科越来越多，材料上、技术上的变化越来越迅速，单纯依靠师徒相传、经验积累的方式，已不能适应这种客观现实；加上建筑物往往要在很短时期内竣工使用，难以由匠师一身多任，客观上需要更为细致的社会分工，这就促使建筑设计逐渐形成专业，成为一门独立的分支学科。在西方这种分工和专业的独立是从文艺复兴时期开始，到产业革命时期才逐渐成熟；在中国，建筑设计和建筑施工逐渐分离则是在清代后期外来因素的影响下逐步独立成专门的学科的。

建筑设计的范畴十分广泛。广义的建筑设计是指设计一个建筑物或建筑群所要做的全部工作。由于科学技术的发展，在建筑上利用各种科学技术的成果越来越广泛深入，设计工作常涉及建筑学、结构学以及给水、排水、供暖、空气调节、电气、燃气、消防、防火、自动化控制管理、建筑声学、建筑光学、建筑热工学、工程估算、园林绿化等方面的知识，需要各种科学技术人员的密切协作。而我们通常所说的建筑设计，则是指"建筑学"范围内的工作。它所要解决的问题，包括建筑物内部各种使用功能和使用空间的合理安排，建筑物与周围环境和各种外部条件的协调配合，内部和外表的艺术效果，各个细部的构造方式，建筑与结构、建筑与各种设备等相关技术的综合协调，以及如何以更少的材料、更少的劳动力、更少的投资、更少的时间来实现上述各种要求。其最终目的是使建筑物做到适用、经济、坚固、美观。

## 3.1.1 建筑设计的内容

建筑设计的内容可以通过四个阶段的工作来概括：搜集资料阶段、初步方案阶段、技术设计阶段和施工图阶段。

设计者在动手设计之前，首先要了解并掌握各种有关的外部条件和客观情况：自然条件，包括地形、气候、地质、自然环境等；城市规划对建筑物的要求，包括用地范围的建筑红线、建筑物高度和密度的控制等；城市的人为环境，包括交通、供水、排水、供电、供燃气、通信等各种条件和情况；使用者对拟建建筑物的要求，特别是对建筑物所应具备的各项使用内容的要求；对工程经济估算依据和所能提供的资金、材料施工技术和装备等；以及可能影响工程的其他客观因素，这个阶段，通常称为搜集资料阶段。

在搜集资料阶段，设计者也常协助建设者做一些应由咨询单位做的工作，诸如确定计划任务书，进行一些可行性研究，提出地形测量和工程勘察的要求，以及落实某些建设条件等。

接下来，是初步方案阶段。文件主要由设计说明书和设计图纸两部分组成。设计者可以对建筑物主要内容的安排有个大概的布局设想，首先要考虑和处理建筑物与城市规划的关系，其中包括建筑物和周围环境的关系，建筑物对城市交通或城市其他功能的关系等。这个工作阶段，通常叫做初步方案阶段。通过这一阶段的工作，建筑师可以同使用者和规划部门充分交换意见，最后使自己所设计的建筑物取得规划部门的同意，成为城市有机整体的组成部分。

技术设计阶段是设计过程中的一个关键性阶段，也是整个设计构思基本成型的阶段。初步设计中首先要考虑建筑物内部各种使用功能的合理布置，要根据不同的性质和用途合理安排，各得其所。与使用功能布局同时考虑的，还有不同大小、不同高低空间的合理安排问题。这不只是为了节省面积、节省体积，也为了内部空间取得良好的艺术效果。考虑艺术效果，通常不但要与使用相结合，而且还应该和结构的合理性相统一。技术设计的内容包括整个建筑物和各个局部的具体做法，各部分确切的尺寸关系，内外装修的设计，结构方案的计算和具体内容，各种构造和用料的确定，各种设备系统的设计和计算，各技术工种之间各种矛盾的合理解决，设计预算的编制等。这些工作都是在有关各技术工种共同商议之下进行的，并应相互认可。对于不太复杂的工程，技术设计阶段可以省略，把这个阶段的一部分工作纳入初步设计阶段，另一部分工作则留待施工图设计阶段进行。

施工图阶段主要是通过施工图和详图把设计者的意图和全部的设计结果表达出来，作为工人施工制作的依据。这个阶段是设计工作和施工工作的桥梁。施工图和详图不仅要解决各个细部的构造方式和具体做法，还要从艺术上处理细部与整体的相互关系（图3.1），

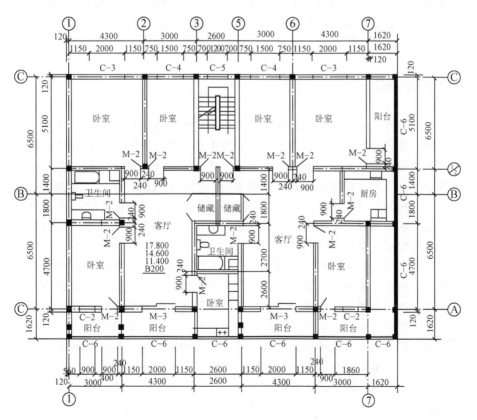

图 3.1　某住宅施工图

包括思路上、逻辑上的统一性，造型上、风格上、比例和尺度上的协调等，细部设计的水平常在很大程度上影响整个建筑的艺术水平。

对每一个具体建筑物来说，上述各种因素各不相同，如果设计者能够充分体察客观实际，综合各种条件，善于利用其有利方面，避免其不利方面，那么所设计的每一个建筑物就不仅能取得最好的效果，而且会显示出各自的特色和风格。

### 3.1.2　建筑师与使用者

建筑师与使用者之间的关系十分密切，主要可以分为以下几个方面。

1. 建筑师必须满足不同使用者的需求

满足不同使用者的需求是建筑师设计的任务之一。不同的使用者对于空间的需求各不相同，如：医生和画家对个人空间的需求会有很大差异。在每个项目设计之初，使用者往往会参与到设计中来，提出自己的需求，且和建筑师一起讨论设计的功能，使设计能够满足未来的使用需求。另外，还有一些特殊的使用者需要特殊设计，如：乘坐轮椅的残疾人。

2. 建筑师可以引领使用者的工作和生活方式

建筑师往往可以通过设计来引导、改变使用者的工作和生活方式。在大多数项目设计之初，建筑师要了解许多的信息，有时还要参观最新的建筑成果，掌握最新的设计动态。这样在设计中常常会反映出一些新的工作、生活理念，如：现代的大医院与传统的医院在患者的就诊方式、就诊流线和医生流线上就有很大差异。

### 3.1.3　建筑设计需要解决的问题

建筑师在进行建筑设计时面临的问题十分复杂。如内容和形式之间的矛盾；需要和可能之间的矛盾；投资者、使用者、施工制作、城市规划等方面和设计之间，以及它们彼此之间由于对建筑物考虑角度不同而产生的矛盾；建筑物单体和群体之间、内部和外部之间的矛盾；各个技术工种之间在技术要求上的矛盾；建筑的适用、经济、坚固、美观这几个基本要素本身之间的矛盾；建筑物内部各种不同使用功能之间的矛盾；建筑物局部和整体、这一局部和那一局部之间的矛盾等，这些矛盾构成错综复杂的局面。而且，不同的设计中各种矛盾的构成，又各有其特殊性。

所以说，建筑设计工作的核心，就是要寻找解决上述各种矛盾的最佳方案。通过长期的实践，建筑师创造、积累了一整套科学的方法和手段，可以用图纸、建筑模型、建筑动画或其他手段将设计意图确切地表达出来，才能充分暴露隐藏的矛盾，从而发现问题，同有关专业技术人员交换意见，使矛盾得到解决。此外，为了寻求最佳的设计方案，还需要提出多个方案进行比较。方案比较，是建筑设计中常用的方法。从整体到每一个细节，对待每一个问题，建筑师一般都要设想好几个解决方案，进行一连串的反复推敲和比较，从而形成最佳的解决方案，使设计方案臻于完善。

综上所述，建筑设计是一种需要有预见性的工作，要预见到拟建建筑物存在的和可能发生的各种问题。这种预见，往往是随着设计过程的进展而逐步清晰、逐步深化的。

在建筑师进行建筑设计的过程中，为了使建筑设计顺利进行、少走弯路、少出差错，取得良好的成果，在众多矛盾和问题中，常是从宏观到微观、从整体到局部、从大处到细节、从功能体型到具体构造步步深入。当建筑设计项目在某些方面有特殊的需求时，也可适当调整需要考虑的问题的主次，以满足不同项目的特殊需要。

需要解决地问题主要有以下几方面。

**1. 满足建筑功能要求**

满足建筑物的功能要求，为人们的生产和生活活动创造良好的环境，是建筑设计的首要任务。

**2. 采用合理的技术措施**

正确选用建筑材料，根据建筑空间组合的特点，选择合理的结构、施工方案，使房屋坚固耐久、建造方便。

**3. 具有良好的经济效果**

建筑设计和施工要有周密的计划和核算，要重视经济领域的客观规律，讲究经济效果。建筑设计的使用要求和技术措施，要和相应的造价、建筑标准统一起来。

**4. 考虑建筑美观要求**

建筑物是社会的物质和文化财富，它在满足使用要求的同时，还需要考虑人们对建筑物在美观方面的要求，考虑建筑物所赋予人们精神上的感受。

**5. 符合总体规划要求**

单体建筑是总体规划中的组成部分，单体建筑应符合总体规划提出的要求。建筑物的设计还要充分考虑和周围环境的关系，例如原有建筑的状况、道路的走向、基地面积大小以及绿化等方面和拟建建筑物的关系，新设计的单体建筑应使所在基地形成协调的室外空间组合，形成良好的室外环境。

# 3.2 建筑设计的基本知识

## 3.2.1 建筑设计的基本要素

建筑设计的基本要素分 3 个方面：功能、技术和艺术。

**1. 功能**

人们建造建筑物总有它具体的目的和使用要求，这在建筑中叫做功能。例如：建造住宅是为了满足居住的需要；建造工厂是为了满足生产的需要；建造电影院是为了满足精神文化生活的需要等。所以，满足建筑物的功能要求，为人们的生产和生活活动创造良好的环境，是建筑设计的首要任务。但是，各类建筑的功能不是一成不变的，它会随着人类社会的发展和生活水平的不断提高也随之发生变化，提出新的内容和需求。

2. 技术

建筑功能的实施离不开建筑技术作为保证条件。获得什么形式的建筑空间，主要取决于工程结构与技术条件的发展水平，如果不具备这些条件，所需要的那种空间将无法实现。

建筑技术是建造房屋的手段，包括建筑结构、建筑材料、建筑施工和建筑设备等内容。结构和材料构成了建筑的骨架，设备是保证建筑物达到某种要求的技术条件，施工是保证建筑物实施的重要手段。

随着生产和科学技术的发展，各种新技术、新结构、新设备的发展和新的施工工艺水平的提高，新的建筑形式不断涌现，满足了人们对不同功能的需求。例如：早期的运动场只能利用室外的坡地进行建造，而现在的运动场馆由于建筑技术水平的不断提高，可以在平地上获得更高大、开阔的空间(图 3.2)。所以，在建筑设计中要选择合理的建筑材料、结构形式、施工技术，使建筑坚固耐久、经济美观。

图 3.2　中国国家体育场——鸟巢

3. 艺术

建筑的艺术性主要体现在建筑内外的观感、内外的空间组织、建筑形体与立面的处理，材料、色彩和装饰的应用等诸多方面。良好的艺术性会给人以感染力，如庄严雄伟、朴素大方、简洁明快等。同时，艺术性也受社会、民族、地域等因素的影响，反映出丰富多彩的建筑风格和特色。

建筑的艺术性还应满足精神和审美方面的需求。由于人具有思维和精神活动能力，因而为人提供的建筑应考虑它对人的精神感受带来的影响。一间居室高度的设计，不仅仅要满足实际的使用高度，还要考虑人在其中的心理感受，是舒适还是压抑。

### 3.2.2　建筑设计的语汇

建筑设计的本质是对于空间形态的塑造，在空间的形成过程中受到色彩、材料、光以及地域性等多种因素的影响。

1. 色彩

心理学家试验证明，当人们第一眼看见建筑时，最先感知到的就是它的色彩。色彩可以帮助我们更有效地感知这个世界。由此可见，色彩设计对于建筑来说具有十分重要的意义。

色彩具有三种属性，或称为色彩的三要素，即色相、明度和纯度。

（1）色相即每种色彩的相貌，色相的不同取决于光波的长短，通常以色环表示各色相之间的关系。红、橙、黄、绿、青、紫等六个主要色相，其中红、黄、蓝是最基本的色彩相貌。白色除外，任何其他色彩的相貌都可由它们之间的不同量相加而成。通常用色相环来表示。

（2）明度是色彩的明暗程度。明度高低主要取决于光波的波幅。波幅大，明度高；波幅小，明度低。通常从黑到白分成若干阶段作为衡量的尺度，接近白色的明度高，接近黑色的明度低。

（3）纯度是色彩色相的饱和度，即各色彩中包含的单种标准色成分的多少。纯度高低取决于光波所含单一波长色光的纯粹程度。单一波长色光的纯度越高，色彩越纯。在同一色相中彩度最高的色为该色的纯色。不同色相所能达到的纯度是不同的，其中红色纯度最高，绿色纯度相对低些，其余色相居中，同时明度也不相同。

1）色调与空间

色彩的总体倾向称为色调。色调的形成与色彩使用的面积有很大的关系。

基本色调有：

暖色调——以暖色为主配置的色调。

冷色调——以冷色为主配置的色调。

中性色调——以灰色调为主配置的色调。

强调——双比色配置的色调。

主调——较鲜明色彩配置的色调。

同调——相近色配置的色调。

在人的视觉中，色彩的影响要先于形态的影响，在空间中色彩设计是否得当，直接影响到空间的效果。

（1）红色调是中国传统色彩，是吉祥、喜庆日采用的主要装饰色。红色调给人热情和奔放的感觉，可装饰中国古典风格的空间。另外红色调中的粉红色调属柔和色系，装饰空间时给人和谐温馨的感觉。

（2）橙色调明快活泼、醒目温和、促进食欲，属于暖色系，给人以开朗温馨的亲切感。

（3）黄色调因中国传统文化影响被称为"天子之色"，有华贵之感；如黄金之色，有高贵之感；如夏日之光，属明亮、眩目、温暖的颜色。黄色调作为空间主色调时，有活泼感。

（4）绿色调是自然界中天然草木的颜色，代表生命、年轻、和平、希望；适合于各类空间的选用，是能使人的视觉得到休息的颜色。绿色调配合原木材质，能创造出自然田园、欣欣向荣的空间感受。

（5）蓝色调是清新、冷静和忧郁的颜色，同时也因是天空和大海的颜色，因此蓝色也是幸福的希望、美好的代表。浅蓝色调淡如行云流水，清澈透明、清新凉爽；深蓝色调深沉凝重、现代高贵。

（6）紫色调富有神秘梦幻、高贵庄重的感觉。属紫色调的玫瑰色调也很优雅，同粉红色调一样是属柔和色系，装饰空间时给人静谧的感觉。

（7）以白色调为主的空间，给人纯洁素雅的感觉，但同样可以显示出变幻多姿的层次，而且具有晶莹剔透、静洁风雅的效果。

（8）灰色调属中性色，灰色调在空间中会产生柔和、文雅和安静的气氛，更加令人寻味。

（9）黑色调有深沉、沉默、宁静、庄重等性格，对于某些具民族性的空间来说，有不吉利的说法，但是如果使用得当，也别具一格。

2）色彩的"物理效应"与空间

色彩引起人对物体形状、体积、温度、距离上的感觉变化。这种感觉的变化对空间有着决定性的影响。

色彩的温度感——太阳光照在身上很暖和，所以人们就感到凡是和阳光相近的色彩都给人以温暖感。当人看到冰雪、海水、月光等就有一种寒冷或凉爽的感觉。色彩的温度感与色彩的纯度也有关系，暖色的纯度越高越暖，冷色的纯度越高越凉爽；色彩的温度感还与物体表面的光滑程度有关，表面光洁度越高就越给人以凉爽感，而表面粗糙的物体则给以温暖感。

色彩的体量感——色彩的体量感表现为膨胀感和收缩感，又把颜色分为膨胀色和收缩色。色彩的膨胀和收缩与色彩的明度有关，明度高的膨胀感强，明度低的收缩感强。色彩的膨胀和收缩与色温也有关系，暖色有膨胀感，冷色则有收缩感。

色彩的重量感——空间设计中，经常利用重量感调节空间的体量关系。小的空间用膨胀色在视觉上增加空间的宽阔感，大的空间用收缩色减少空旷感，体量过大或过重的实体可用明度低的色和冷色减少它的体量感。

色彩的空间感——色彩的空间感首先是色彩的远近感。根据人们对色彩距离的感受，将色彩分为前进色和后退色。前进色是人们感觉距离缩短的颜色，一般若暖色基本上可称为前进色，反之则是距离增加的后退色，冷色基本上可称为后退色。色彩的距离感还与明度有关，明度高的色彩具有前进感，反之则有后退感。

3）色彩的"心理效应"与空间设计

色彩的心理效应是人对色彩所产生的感情变化。色彩的心理效应不是绝对的，不同的人对色彩有不同的联想，从而产生不同的感情。也就是说，性别、年龄、职业不同的人，色彩的心理效应不同；不同的时期、不同的地理位置以及不同的民族、不同的宗教、不同的文化背景和风俗习惯对色彩的爱好也有差异。

色彩的表情特征——如红色最易使人注意、兴奋、激动和紧张；橙色很容易使人感到明朗、成熟、甜美；黄色给以光明、丰收和喜悦的感觉；绿色使人联想到新生、健康、永恒、和平、安宁；蓝色很容易使人联想到广大、深沉、悠久、纯洁、冷静和理智。

色彩人性与空间环境——色彩个性表现为不同的人对色彩的爱好不同。不同年龄层次、不同职业和不同生活背景有不同的色彩心理特征。如成年男子多喜爱青色系列，成年女子则喜爱红色系列。青年人多喜爱青色、绿色，而对黄色则不太喜爱，他们喜爱高纯度的明亮、鲜艳的颜色。低年龄层的人喜欢纯色，厌恶灰色；高年龄层的人喜欢灰色，厌恶纯色。

色彩的地域性与空间环境——色彩的地域性是指气候条件对空间色彩的影响。例如寒冷地区空间色彩应偏暖些，而炎热地区空间色彩应偏冷些；潮湿阴雨地区的空间色彩明度应高一些，日照充足而干燥的地区空间色彩的明度可低一些；朝向好的房间空间色彩可偏冷些，朝向差的房间空间色彩可偏暖些。

4）色彩的民族性

色彩的民族性指不同民族的人对颜色的感情和爱好有明显的差异。如故宫金黄色的琉璃瓦与朱红色的高墙保留着皇族的遗风，也成为民族的象征色和吉祥色。韩国的吉祥色则是青色、绿色、粉红和黄色等色彩。日本对黑色、白色、橙色等色彩情有独钟。

2. 材料

空间如人的身体，材料犹如人的衣裳。古语曾云"人靠衣装，佛靠金装。"可见材料对于空间的重要性。在塑造空间的过程中，材料的作用不应该是哗众取宠，而是要充分表现材料的内在潜力和外部形态，充分利用材料特性提高其美学的含义，进而影响人对空间的感知。

材料表面的物质性我们称之为材质，主要表现为质感和肌理。质感是指物体表面质地的特性作用于人眼所产生的感觉；而肌理则是指质地上的细小纹理变化。

1）材料的质感

材料的质感在设计中可以传递信息。

粗糙和光滑——表面粗糙的材料有许多，如石材、未加工的原木、粗砖、磨砂玻璃、长毛织物等。光滑的材料如玻璃、抛光金属、釉面陶瓷、丝绸、有机玻璃。同样的是粗糙面，不同材料有不同质感，如粗糙的石材壁炉和长毛地毯，有可能颜色一样，但是质感却完全不一样，一硬一软，一重一轻。光滑的金属镜面和光滑的丝绸，在质感上也有很大的区别，前者坚硬，后者柔软。

软与硬——许多纤维织物都有柔软的触感。如纯羊毛织物虽然可以织成光滑或粗糙质地，但摸上去是让人心情愉悦的。棉麻为植物纤维，常作为轻型的蒙面材料或窗帘。玻璃纤维织物有很多种品种，它易于保养，能防火，价格低，但其触感有时是不舒服的。硬的材料如砖石、金属、玻璃，它们耐用耐磨、不易变形、易于清洁且线条挺拔。硬材多数有很好的光洁度和光泽。晶莹明亮的硬材，会使室内很有生气，但从触感上说，多是坚硬冰冷的。

冷与暖——质感也具有冷与暖的感受，墙纸、地毯等软质的材料一般会使人感觉到柔软和温暖。金属、玻璃、大理石等这些硬质材料使用过多了会产生冷漠的感觉。

有时视觉上色彩的冷暖感与触觉上不完全一致，如红色花岗石、大理石触感冷，但视感还是暖的；白色羊毛触感暖，视感却是冷的。选用材料时应同时考虑这两个方面的因素。木材在冷、暖、软、硬的表现上有独特的优点，它比织物要冷，比金属、玻璃要暖，比织物要硬，比石材又要软，并且木材可用于许多地方，既可作为承重结构，又可作为装饰材料，更适宜做家具，材料易于采集，又便于加工，堪称材料之王。

光泽度与透明度——许多经过加工的材料具有很好的光泽度，如抛光金属、玻璃、磨光花岗石、大理石等，可以通过镜面般光滑的表面反射，使空间感扩大。同时又能映出光怪陆离的色彩，能丰富和活跃室内气氛。此类光洁表面易于清洁，减少室内劳动，保持明亮，具有积极意义，适合用于公共场所以及厨房、卫生间。透明度也是某些材料的特色。有玻璃、有机玻璃、丝绸等常见的透明、半透明材料，利用透明性可以增加空间的广度和深度。在空间感上，透明材料是开敞的，不透明材料是封闭的；透明材料具有轻盈感，不透明材料具有厚重感和私密感。空间中半透明材料常能产生隐约朦胧的空间氛围。

弹性——弹性是材料的一种特殊性能，通常不是通过人的视觉传达的，而要通过人的触觉传达的。人们在草地、林径上行走和在混凝土路面上行走的舒适感完全不同，就如同坐在有弹性的沙发上和坐在硬面椅上的舒适感有差异一样。弹性材料包括泡沫塑料、泡沫橡胶、竹、滕，木材也有一定的弹性，特别是软木。弹性材料主要用于地面、床和座面，给人以特别的触感。

2）材料的肌理

材料的肌理可以分为视觉肌理和触觉肌理。有些肌理要通过身体的接触才能感受到，不过大多数时候眼睛也可以感受到触觉肌理，因此两者区别不大。

许多材料具有自然的肌理，如花岗岩具有较均匀的肌理、木材具有自然的木纹等。某些天然材料的特殊纹理，是人工模仿无法完全达到的。

现实生活中我们也常常能看见人工肌理的材料。如清水混凝土墙面的肌理；满铺瓷砖的墙面上瓷砖之间的缝隙形成的肌理等。

建筑设计中，使用肌理组织十分明显的材料时，拼装要特别注意其相互对应关系才能达到和谐统一的效果。空间中的肌理纹样过多或过分突出时，也会造成视觉上的混乱。

在建筑设计中，一定要结合材料质感效果、不同肌理和在光照下的不同效果来综合考虑材料的运用。

3. 光

人们常说建筑是光与影的艺术，建筑空间因为光的介入而显得生机勃勃，建筑靠光才能展示出空间，光也需要依托于空间而得以发展。勒·柯布西耶在《走向新建筑》中说道："建筑艺术是在光照条件下对体量的巧妙、正确和卓越的处理。"在他看来，光不仅是一种影响空间的因素，更是塑造空间的重要手段(图 3.3)。光线是塑造空间的最好的造型师。安藤忠雄说："光配合着建筑，使其变得纯洁。光随时间的变化以一种最基本的方式表达人与自然的关系。"(图 3.4)光通过对体块、轮廓、结构等的照射决定了形的效果，决定了人对形体、色彩存在的整体印象。光作用于形体产生光影，光影强调了空间特征，增强了空间的透视效果和体量感，并将某些看不见的要素通过光影反映出来(图 3.5)。

图 3.3　勒·柯布西耶的朗香教堂

图 3.4　安藤忠雄的光之教堂

图 3.5　万神庙内部

随着时间的推移、季节的更替，光的强弱发生了变化，建筑的形象也随之改变。人们就是在这种不断变化的形与影中感受光带给我们的奇妙世界。对于每一座建筑而言，空间是其实质，而光则是建筑空间的灵魂。

光在建筑设计中还可以起到划分空间、引导人流的作用。

1）光限定空间

通过对空间轮廓的勾勒来限定空间（图3.6）。

通过亮度差异来区别不同的空间（图3.7）。

图 3.6　光限定的空间

图 3.7　不同的亮度区别空间

通过亮度差异来调节空间尺度（图3.8）。

2）光连接空间

利用室内外相似的光环境沟通内外空间（图3.9）。

图 3.8 通过亮度差异调节空间尺度　　　　图 3.9 利用相似的光环境沟通室内外空间

利用中介环境的过渡来连接空间(图 3.10)。

图 3.10 利用中介环境的过渡来连接空间

3) 光制造空间顺序

从天窗或侧窗射入的光线因其进入空间的角度不同而产生不同的表情；光线通过不同的材料会变成反射光、漫射光、扩散光、直射光等，通过对光不同特性及表情的操作为空间提供一种秩序。

可以用光营造序列的序曲与高潮；以光为线索展开空间序列；利用光在同一空间中制造序列；光强化空间运势；光创造视觉焦点。利用光制造空间顺序的实例见图 3.11～图 3.20。

图 3.11 金贝尔美术馆

图 3.12 美秀美术馆 1

图 3.13 美秀美术馆 2

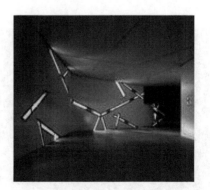

图 3.14 犹太人纪念馆

图 3.15　富平陶艺博物馆

图 3.16　采光器形成的动势

图 3.17　光影与物影形成的丰富性空间

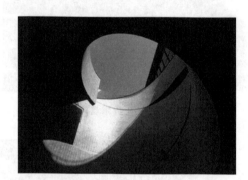

图 3.18　光影与物影形成的动势

图 3.19　利用单一光源形成视觉焦点

图 3.20　上海世博会场景

4）光创造的空间氛围

当你走进一个空间，无论是庄严神秘、自然清新、热闹喧哗还是静谧清幽，都与光不无关系，光历来就是创造空间氛围不可或缺的因素。它以不同的方式穿过建筑的表皮，进入内部空间，在被建筑改变的同时，也以自身独特的语言塑造着空间的性格，形成了各种不同的氛围（图3.21和图3.22）。

图3.21 竹屋室内楼梯空间

图3.22 竹屋室内会客空间

（1）崇高神圣的空间氛围——身处宗教建筑中常常让人觉得找到了心灵的归宿，空间氛围对于情绪的影响直接而显著，光在其中所起到的作用难以用语言来描述，从古罗马一直延续到今天的宗教建筑，用光来提升空间的质感，始终是建筑师们最为热衷的。

可以利用光线明暗对比，突出视觉焦点；利用高侧窗或顶侧窗产生神圣庄严的空间氛围；采用艳丽的光色烘托超现实的空间氛围（图3.23～图3.26）。

图3.23 某教堂室内空间

图3.24 朗香教堂一角

图 3.25　朗香教堂侧面窗洞

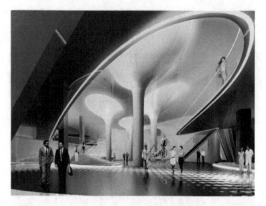

图 3.26　某超现实空间效果图

　　(2) 自然清新的空间氛围——自然清新可以说是很多人对于生活空间的期望，中国传统建筑中的庭院空间则是塑造自然清新的空间氛围的典范，现在的城市生活使得庭院成为大多数人难以实现的梦想，那么，还有哪些方式可以让我们近距离地享受自然呢?

　　可以采用通透玻璃引入自然光(图 3.27)；采用灵秀的隔断达到朦胧柔和的光环境意象(图 3.28)。

图 3.27　上海涵碧湾花园

图 3.28　水御堂

　　(3) 冥想静思的空间氛围——可以利用幽暗的光创造封闭内向的空间(图 3.29)；用抽象集中的光作为超现实的提示(图 3.30)；利用漫射微光形成人性化的空间氛围(图 3.31)。

　　(4) 欢快明朗的空间氛围——利用构件形成分散跳跃的光影；利用阴影接受面的变化产生动的物影(图 3.32)；利用材质变化和构件的反射丰富光的层次(图 3.33)。

　　4. 地域性

　　地域性既是一个空间上的概念，也是一个时间上的概念；既是自然地理上的概念，也是人文地理上的概念。地域性从空间角度上讲包含地域地带、地形地貌、山脉河流、物理气候、动植物分布等要素；从时间的角度上讲则包含政治的变迁、民族的发展衰亡、传统基因的遗传、外来文化的影响等要素。自然地理多与空间条件相关；人文地理多与时间状况相关。

图 3.29 圣斯蒂芬斯教堂

图 3.30 上海世博会场景

图 3.31 香奈儿展厅

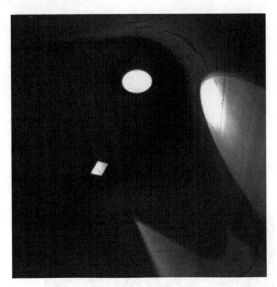

图 3.32 朗香教堂

图 3.33 某酒吧室内

1）地域性的空间概念

一般来说，地域性的空间概念对于建筑设计在文化方面的影响更为直观，这种影响体现在以下几个方面。

第一，有什么样的自然环境便会产生什么样的建筑形式。对于这个问题的论证可让我们回到远古时代。7000多年前河姆渡的气候比现在温暖湿热，平均气温比现在高3～4℃，年降雨量比现在多500毫米左右，与现在的广东、广西南部和海南岛相似。河姆渡处于湖泊、沼泽、平原、草地、丘陵、山冈等多种地貌的复杂环境，这里的动植物资源特别丰富，非常有利于河姆渡先民的生产和生活。河姆渡遗址的建筑是以大小木桩为基础，其上架设大小梁，铺上地板，做成高于地面的基座，然后立柱架梁、构建人字坡屋顶，完成屋架部分的建筑，最后用苇席或树皮做成围护设施。这种底下架空，带长廊的长屋建筑古人称之为干栏式建筑，它适应于南方地区潮湿多雨的地理环境，因此被后世所继承，今天在我国西南地区和东南亚国家的农村还可以见到此类建筑（图3.34）。

第二，建筑设计中材料的选择与自然环境息息相关，不同材料的运用也促进了特定的建筑形式的产生。远古时期的先民们，生产力水平低下，他们自然会选择最易获取且加工简便的材料为自己修筑房屋。于是在中国陕甘宁等黄土层非常厚的地区，当地人民创造性地利用高原有利的地形，凿洞而居，创造了窑洞建筑。而在古时的鄂西山区，古木参天，冬天阴冷潮湿，春夏常有野兽、毒蛇出没，于是土家人利用现成的大树作架子，捆上木材，再铺上野竹树条，在顶上搭架子盖上顶篷，修起了空中住房，后来，这种"空中住房"就演变成了现在的吊脚楼（图3.35）。

第三，不同的建筑材料和不同建筑形式的选择，都会受到不同的意识形态的影响，而意识形态的产生也与地理环境密不可分。在中国人视死如生的观念中，为了获得永生而将坚固的石材作为冥宅的主要建筑装饰材料，而地上建筑大到宫殿庙宇，小到私人住宅则选用了木材，从而使得梁架建筑体系得以广泛发展。代表西方建筑文明的古希腊人为神建造

图 3.34 干栏式建筑

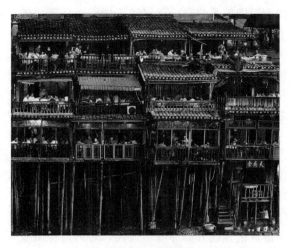

图 3.35 吊脚楼

宫殿，于是坚固的石材便成为首选的建筑材料，从而形成以柱式与拱券为基础的结构体系，影响西方建筑数千年(图 3.36)。

图 3.36 宙斯神庙

2）中国的传统建筑空间

中国传统空间概念——中国传统建筑有其强烈的民族性格和鲜明的民族精神与风格特性。它与西方建筑不同，不仅在于所用的建筑材料、建筑结构，更重要的区别在于完全不同的空间组织方式。中国的传统木结构建筑空间的基本单位是由两片构架围合而成的"间"，由间组成的"幢"，再由幢组合成庭院，这个由几幢建筑围合而成的"中空"的庭院是中国传统建筑的精华。它无论在皇宫、庙宇或一般的住宅中都是人们主要活动的中心之一，既是室内生活向室外的延伸，又是室外生活引向室内的前奏，还使得房屋得以采光和通风。由于围合庭院的基本单元是间，因而间与庭院有着相互影响与相互制约的"有无相生"的关系。当一个庭院不能解决所需求的"间"时就需要再设置庭院。于是，庭院成了比"间"在较高层次上的基本单元，每进入一个庭院就称为"进"。以"间"和"进"作为单元的组合方式是十分自由的。由于它虚实相间，层层渐进，到处可见的是今日人们津津乐道的流动空间效果，空间的流动性不仅体现在建筑单体的虚与实、高与低、内与外、疏与密、直与曲、水平与垂直变化之中，更体现在建筑群之间，室内与室外相互贯通之间的起、承、转、合的序列之中，并常给人以无尽之感。

中国传统民居形式——俗话说"一方水土养一方人"，一个人、一个部落或一个氏族同所在区域环境有着息息相关的联系。不同的地域有不同的阳光角度、日月潮汐、雨雪风霜、地形海拔等影响因素。生物的生长发育与气温、气压、湿度、食物、土壤、水质、植被有密切的关系，并同环境有能量和信息交换，以保证新陈代谢的正常进行，这正是所谓"人与自然契合"浑然天成的道家哲学思想基础。作为人与自然中介的建筑，对外应有利于形成适宜的外部环境小气候，对内应保障宜人的室内环境。为适应不同的地域气候，必须针对气候进行建筑设计，于是产生了适应于各区域环境的建筑形式，作为与人们生活联系最为紧密的居住建筑，对于区域环境的反映则是最为直接的。

（1）四合院。

中国汉族地区传统民居的主流是规整式住宅，以采取中轴对称方式布局的北京四合院为典型代表。

四合院（图3.37）的大门一般开在东南角或西北角，院中的北房是正房，正房建在砖石砌成的台基上，比其他房屋的规模大，是院主人的住室。院子的两边建有东西厢房，是晚辈们居住的地方。在正房和厢房之间建有走廊，可以供人行走和休息。四合院的围墙和临街的房屋一般不对外开窗，院中的环境封闭而幽静，成为家居生活的中心。

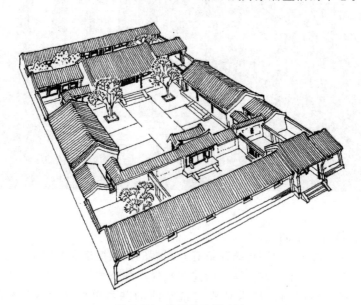

图 3.37　典型北京四合院

（2）窑洞。

中国黄河中上游一带，是世界闻名的黄土高原。生活在黄土高原上的人们利用那里又深又厚、塑形性能极好的黄土层，建造了一种独特的住宅——窑洞（图3.38）。窑洞又分为土窑、石窑、砖窑等几种。土窑是靠着山坡挖成的黄土窑洞，这种窑洞冬暖夏凉，保温隔声效果最好。石窑和砖窑则是先用石块或砖砌成拱形洞，然后在上面盖上厚厚的黄土，既坚固又美观。随着社会的发展，人们对窑洞的建造不断改进，黄土高原上冬暖夏凉的窑洞越来越舒适美观了。

图 3.38 窑洞民居

（3）皖南民居。

青瓦、白墙是皖南民居的突出印象。错落有致的马头墙不仅有造型之美，更重要的是它有防火、阻断火灾蔓延的实用功能。高墙深院是皖南民居的特点之一，一方面可防御盗贼，另一方面则是饱受颠沛流离之苦的迁徙家族获得心理安全的需要(图 3.39)。另一特点是以高深的天井为中心形成的内向合院，四周高墙围护，外面几乎看不到瓦，唯以狭长的天井采光、通风和与外界沟通。这种以天井为中心，高墙封闭的基本形制是人们关心的焦点。雨天落下的雨水从四面屋顶流入天井，俗称"四水归堂"，也形象地反映了徽商"肥水不流外人田"的心态，这与山西民居有异曲同工之妙(图 3.40)。

图 3.39 皖南民居

图 3.40 皖南民居内院

皖南古民居村落选址、布局和建筑形态，都以周易风水理论为指导，体现了天人合一的中国传统哲学思想和对大自然的向往与尊重。那些典雅的明、清民居建筑群与大自然紧密相融，创造出一个个既合乎科学，又富有情趣的生活居住环境，是中国传统民居的精髓。村落独特的水系是实用与美学相结合的水利工程典范，深刻体现了人类利用自然、改造自然的卓越智慧。其"布局之工，结构之巧，装饰之美，营造之精，文化内涵之深"，为国内古民居建筑群所罕见。

（4）蒙古包。

蒙古包是蒙古等游牧民族传统的住房，是游牧民族为适应游牧生活而创造的居所。蒙古包易于拆装，便于游牧。自匈奴时代起就已出现，一直沿用至今。蒙古包呈圆形，四周侧壁分成数块，每块高 130～160 厘米、长 230 厘米左右，用条木编成网状，几块连接，围成圆形，长盖伞骨状圆顶，与侧壁连接。帐顶及四壁覆盖或围以毛毡，用绳索固定。西南壁上留一木框，用以安装门板，帐顶留一个圆形天窗，以便采光、通风、排放炊烟，夜间或风雨雪天则覆以毡（图 3.41 和图 3.42）。

图 3.41　蒙古包

图 3.42　蒙古包室内

蒙古包最小的直径为 300 多厘米，大的可容数百人。蒙古汗国时代可汗及诸王的帐幕可容 2000 多人。蒙古包分固定式和游动式两种。半农半牧区多建固定式，周围砌土壁，上用苇草搭盖；游牧区多为游动式。游动式又分为可拆卸式和不可拆卸式两种，前者以牲畜驮运，后者以牛车或马车拉运。新中国成立后，蒙古族定居者增多，仅在游牧区尚保留蒙古包。除蒙古族外，哈萨克族、塔吉克族等族牧民游牧时也居住蒙古包。因为蒙古包很容易拆装，有利于放牧时搬迁流动。

（5）客家土楼。

在闽西南和粤东北的崇山峻岭中，点缀着数以千计的圆形围屋或土楼，这就是被誉为"世界民居奇葩"的客家民居。

客家人的祖先是 1900 多年前从黄河中下游地区迁移到南方的汉族人。因为客家人的居住地大多在偏僻、边远的山区，客家先民为了防范盗匪骚扰，保护家族的安全，就创造了这种庞大的民居——土楼（图 3.43）。

一座土楼里可以住下整个家族的几十户人家，几百口人。土楼有圆形的，也有方形的，其中，最有特色的是圆形土楼。圆楼由两三圈组成，外圈十多米高，有一二百个房间。他们不分贫富、贵贱，每户人家平等地分到底层至高层各一间房，其用途十分统一，一层是厨房和餐厅，二层是仓库，三层、四层是卧室。第二圈两层，有 30～50 个房间，

**图 3.43 客家土楼**

一般是客房；中间是祖堂，能容下几百人进行公共活动。土楼里还有水井、浴室、厕所等，就像一座小城市。客家土楼的高大、奇特，受到了世界各国建筑大师的称赞。

3）现代建筑的地域性

建筑的"地域性"也非传统建筑所独有，它也包括近现代以来所形成和积累下来的各种建筑文化，同时也包括当代建筑文化。这样一个从文化发展的外端到最新发展状态的大集合，是地域性得以完整呈现的基础，也是我们正确认识广义的建筑"地域性"的前提。

可以说地域性是文化的普遍特征，而全球化是一个永无止境的过程。全球化发展的趋势和结果不是单一中心化或文化的单极化，而恰恰是无中心化，或者说是多中心化，成为今天多元文化依然存在的基础。如果我们忽视了这一文化多元论的事实及其对经济文化全球化本身的内在限制，把经济文化全球化视为可以超越甚至荡涤多元文化差异的总体化或一体化的同化过程，那么，所谓"全球化"便极有可能成为这样一个文化的陷阱：它或者会因为对这种多元文化差异的严重忽略，最终陷入文化差异互竞的泥潭而无以为继；或者将借助于某种经济、文化扩张和政治强制而"平整"人类文化的差异性和多样性，使人类文明和文化失去其天然丰富的本色，而变得单调。这显然是我们不愿意看到的景象。

在今天，"地域"不应该成为我们文化保守的理由和依据，相反，作为一种文化的空间和视阈，它应当成为当代城市和建筑创造的真正基点，由此出发，才有可能去想象和塑造我们与时代同步的生活方式、处世态度以及生命哲学。

## 3.2.3 建筑设计的美学观点

### 1. 形式美的规律

从古希腊、古罗马到近代社会，历史跨越了两千多年，尽管随着社会的发展，建筑的形式和风格发生了多种多样的变化，但人们的审美观念却没有太大的变化，一直遵循着形式美的基本规律。

在人类的审美活动中，同时存在着两种互相矛盾的审美追求——变化和统一，这两者缺一不可，相辅相成。变化会引起兴奋，具有刺激性，对变化的欣赏反映了人的机体内部对运动、发展的需要。统一具有平衡、稳定、自在之感，对统一的欣赏反映了人对舒适、宁静的需要。

由于变化和统一反映了生命的存在和发展的形态，因而很容易与人类普遍的审美感觉取得共鸣。建筑形式的审美判断同样适用于变化统一这一普遍规律。古今中外的建筑，尽管在形式处理方面有极大的差异，但凡属于优秀作品，必然都遵循这一共同的准则——变化统一。因而变化统一堪称为形式美的规律。至于主从、对比、韵律、比例、尺度、均衡等都不过是变化统一在某一方面的体现，如果孤立地看，它们本身都不能当做形式美的规律。

变化统一，即在统一中求变化，在变化中求统一或者寓杂多于整体之中。任何造型艺术都具有若干不同的组成部分，这些部分之间既有区别，又有内在的联系，需要把这些部分按照统一变化的规律，有机地组合成一个整体。就各部分的差别，可以看出多样性和变化；就各部分之间的联系，可以看出和谐与秩序。既有变化，又有秩序，这就是一切艺术品，特别是造型艺术形式必须具备的设计原则。反之，如果一件艺术作品，缺乏多样性与变化，则必然流于单调；如果缺乏和谐与秩序，则势必显得杂乱，而单调、杂乱是绝对不能构成美的形式的。由此可见，一件艺术造型作品要想唤起人们的美感，既不能没有变化，又不能没有秩序。

1）变化的原理

变化反映形式的内涵——丰富性和趣味性。杰出的造型艺术品总是向观者展示丰富的内容、传达大量的信息，并以前所未见的形式表现其新鲜感。缺乏变化性和多样性则不免显示出作品的空乏肤浅，给人以单调的感觉。给形式带来变化的原理有对比、微差、中断。

（1）对比——对比强调差异性，明显的差异形成对比，差异较大的形式元素并置时，双方的特征都有增强的趋势，由此可以引起视觉上的紧张感，起到强调个性的作用，使形式的特征明朗化，给人以生动、强烈、清晰的印象。对比借助相互烘托与陪衬求得变化，缺少对比的建筑形式显得单调无味。在建筑造型中，一切形式要素的对比和差异都是构成变化的因素。它包括：形状的变化、面积的大小、质感的不同、色调的寒暖、明暗；点、线、面的差异；线的长短、粗细、布置的疏密、位置的前后、形体空间的虚实等（图 3.44和图 3.45）。

图 3.44　萨伏依别墅

图 3.45　康奈尔大学江森美术馆

（2）微差——微差是指如尺寸、形式和色彩等彼此区别不大的细微差异，视觉特征上体现为一种柔和的、连续的变化，呈现出丰富多样的视觉效果，耐人寻味。

（3）中断——有机体在为生存而进行的斗争中发展了一种秩序感，秩序在特定的条件作用下会发生变化，间断反映秩序的变化，秩序里的中断引起了人们的注意并产生了视觉的显著点，而这些显著点常常是视觉的趣味所在（图3.46）。

图3.46 文丘里母亲住宅

2）同一性原理

统一使部分结合成整体，一切使形式关联有序的组织都是构成同一性的因素。给建筑形式带来秩序的原理有对称、均衡、相似、节奏、韵律、对位、比例等。

（1）对称——对称的图形具有明确的整体感。在人类文化的启蒙期，人类就已有对称的感念，并很早就开始运用这种形式来建造建筑。古今中外有无数的著名建筑都是通过对称的形式获得明显的完整统一性，对称被看做是建筑形式美的重要原则（图3.47）。对称体现出一种严格的制约关系，因此对称的建筑形式给人以严谨、完整和庄严的感觉（图3.48）。

图3.47 泰姬·玛哈陵

图3.48 故宫太和殿

（2）均衡——均衡是指建筑的形量、大小、轻重、明暗、方向、色彩及材质的分布作用于视觉判断的平衡。最简单的均衡就是对称。在这种均衡中，建筑物中轴线的两边是相同的。但对称均衡有一定的局限性。当均衡中心两边形式不同但审美价值相对等时就构成了不规则均衡。在不规则均衡的布局中更需要强调均衡中心。均衡中心有一种吸引力，一般人会不知不觉地朝这个均衡中心走去。强调均衡中心可以将人的脚步引向建筑师想要他去的地方（图 3.49）。

图 3.49　美国国家美术馆东馆

（3）相同与相似——建筑物通过形状、尺寸、色彩、质感、细部特征等方面具有共同的视觉特征的要素的组合，取得统一（图 3.50 和图 3.51）。

图 3.50　美国国家大气研究中心　　　　图 3.51　东京中银舱体楼

（4）节奏——节奏本是音乐中乐曲节拍轻重缓急的变化和重复。节奏这一具有时间感的用语在建筑造型的研究中是指建筑形式要素有规律的重复运用或者有规则的排列。在视觉欣赏过程中，节奏使观者的视线保持有间歇地连续进行(图 3.52)。这正是产生视觉美感的生理基础。

**图 3.52　杜勒斯国际机场**

（5）韵律——韵律原指诗歌的声韵和节奏。诗歌中音的高低、轻重、长短的组合，匀称的间歇和停顿，相同音色的反复及句末、行末利用同韵同调的音加强诗歌的音乐性和节奏感，就是韵律的作用。建筑的一些单纯要素组合重复易于单调，由有规则变化的形象以数比、等比处理排列，使之产生音乐、诗歌的旋律感。有韵律感的建筑形象具有条理性、重复性和连续性的审美特征。韵律美按其形式特点可以分为以下几种不同类型：连续的韵律、渐变的韵律(图 3.53)、起伏韵律(图 3.54)和交错韵律(图 3.55)。

**图 3.53　悉尼歌剧院**

**图 3.54　柏林爱乐音乐厅**

（6）对位与错位——形式要素通过位置关系有秩序地组织取得统一的方法(图 3.56)。

（7）比例——比例表现为整体或局部之间的长短、高低、宽窄等相对关系。和谐的比例可以给人带来美感，"黄金分割"，即 1∶1.618，在视觉上最容易辨认，也是符合一定数学关系的最和谐的比例(图 3.57 和图 3.58)。比例与材料、文化传统等要素相互影响。例如：西方古典建筑的石柱与中国传统建筑的木柱各有符合自身材料力学性能的比例关系。

图 3.55　纽约环球航空公司航站楼

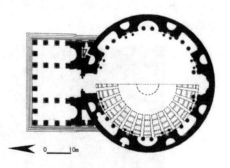

图 3.56　万神庙平面图

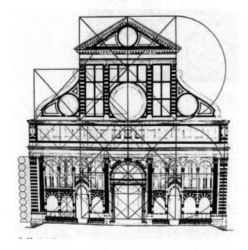

图 3.57　教堂立面比例分析

图 3.58　希腊神庙立面比例分析

　　源于形式美规律的审美特征主要体现在以下几个因素：整体感、真实感、新颖感、丰富感。在实际的建筑中，这些因素是紧密相关的。建筑艺术形象的形成是建筑各个组成部分共同作用的结果，它反映的不是某一个方面的个别作用，而是各种表象在深层融会贯通之后的升华。

　　2. 古典建筑的构图原理

　　西方建筑的美学思想历史悠久，一直可以追溯到古代的希腊。亚里士多德在他的《诗学》中比较系统地阐述了形式美的原则，即多样统一。他认为美的东西应该是一个有机体，主要形式是秩序、均衡和明确，提出了"美的统一论"。毕达哥拉斯所领导的学派提出了著名的"黄金分割比"，他认为数量是万物的本源，万物按照一定的数量比例而构成和谐的秩序，强调美是和谐的思想。

　　文艺复兴时期的建筑师认为美表现为一定几何形状或比例的匀称，更有甚者认为，建筑是一种形式美。这一时期比较著名的建筑师阿尔伯蒂曾说：不论是什么主题，各部分都应当按照一定的比例关系协调起来，形成和谐的统一体。帕拉第奥也认为美产生于形式，产生于整体和各部分之间的协调。

17 世纪的古典主义把这种形式美的法则推向极端。美学家将欧几里得几何学标本的理性演绎引入美学和文艺领域，强调任何艺术的理性准绳。在这种观念的影响下，建筑艺术也被推向极端理性，反对个性与情感要素，并认为建筑美在于纯粹的几何形状和数学的比例关系，建筑自身强调整体与局部、各局部之间的严谨的逻辑性。

关于古典建筑的构图原理和形式美的零散论述最终被拉普森收集、梳理和总结，并于 1924 年整理出版了《建筑构图原理》一书。

### 3. 现代建筑的技术美学

工业革命以后，欧洲进入了工业化时代，生产方式和生活方式都发生了巨大的变化，建筑的功能变得越来越复杂，建筑类型变得越来越丰富，简单的古典建筑空间形式已经远远不能满足新的需求，建筑界的革命迫在眉睫，新建筑运动应运而生。

新建筑运动强调建筑功能的重要性，采用铸铁、钢筋混凝土和钢等新材料使建筑物的内外形式、结构体系都发生了彻底的变化，人们的审美观念也随之转变，出现了技术美学。

技术美学的主要特点在于它重视艺术构思过程的逻辑性，注意形式生成的依据和合理性，追求建造上的经济性以及建筑形式和风格的普遍适应性。在这一时期，建筑师将建筑设计与工业产品设计相等同，"形式服从功能"、"房屋是住人的机器"等口号都是基于这种思想提出的。

技术美学影响下的现代建筑对古典建筑形式彻底否定，但对于所持的形式美的基本原则却没有改变。正是基于这一点，我们将"形式美的规律"当做一种比较稳定的、具有普遍意义的法则来对待，并且用它来解释古今中外的各种建筑。

### 4. 当代建筑的审美变异

进入 20 世纪 60 年代，西方发达国家开始由工业化社会向信息社会，也就是向后工业社会过渡，人们的审美观发生了重大的转折。这次转折超出了演变和发展的范畴，背离了变化统一的传统美学法则，而推崇矛盾性、复杂性、含混性，直至追求扭曲、畸变、残破、断裂、解构等一系列为传统美学所不相容的审美范畴，我们称之为"当代西方建筑审美的变异"。

当代西方建筑审美变异主要表现为以下几个特征。

#### 1）追求含混和多义

追求含混和多义是当代建筑审美变异的一个基本特征。基于理性主义的传统美学和技术美学都把清晰的含义、明确的主题视为艺术作品的第一生命，强调含义表达的明晰性，反对模棱两可和暧昧等审美倾向。然而，这一美学原则目前正面临着严峻的挑战。当今西方后现代建筑思潮认为过分强调建筑形式的纯净和含义表达的明晰，将会产生排斥性的审美态度——排斥俚俗、装饰、幽默和象征性等手法在建筑中的运用，从而使理性与情感、功能与形式处于完全对立的状态，如果全然缺乏模糊性，结果会导致情感的疏离。因此，当代一些建筑师极力反对清晰、精确的空间组合与形体构成关系，转而强调"双重译码"；反对非此即彼；反对排他性而强调兼容性，来满足不同层次的审美交流，使作品随审美主体的文化背景不同，而产生异彩纷呈的审美效果。在当今西方流行的后现代建筑思潮中，虚构、讽喻、拼贴、象征性等都是建筑师惯常使用的手法，并借空间构成的模糊性、主题的歧义性、时空线索构成的随机性，而使作品呈现出游离不定的信息含义。

2）推崇偶然性和追求个性表现

推崇偶然性与追求个性表现是当代西方建筑审美变异的又一特征。在西方传统理性主义哲学看来，宇宙万物是一个井然有序的整体，各事物都置于某种必然性的制约之中，因而在强调必然性、普遍性和逻辑性的同时，必然要否定特殊性、多样化和偶然性。当代哲学思想认为这种哲学观点很容易产生机械性和排他性，排斥有序中的无序、必然中的偶然，否异而求同等僵化的思维模式。正是在这种思维模式的影响下，传统的理性主义艺术家将追求永恒的美的本体、建立普遍适用的美学法式、寻求艺术本质规律等作为美学研究的基本目的。

与古典美学相类似，重普遍轻特殊、重共性轻个性也是技术美学的一个重要原则。早在21世纪初，现代建筑大师就企图建立普遍适应的美学框架，他们认为普遍的标准，样式的广泛采用是文明的标志，从而努力寻求"通用"的艺术语言，而"控制线"、"人体模数"、"数理原则"等就被他们作为普遍适用的美学原则。在这种观念的指导下，净化表面、反对装饰则被视为一种行之有效的艺术手法。此外，直线、直角构图以及通用构件也被推崇备至。因此"少就是多"就自然而然地成了至高无上的艺术典范了。

时至今日，随着审美观念的变异，机械、刻板、僵硬的美学法则受到尖锐的批评。人们抛弃统一的价值标准，代之以轻柔、灵活、多元的美学观念，兼容而非排斥的审美态度，发散而非线性的思维模式，表现出价值观的多元取向。一些建筑师公然否定创作思维的逻辑性，极力推崇偶然性和随机性，并认为美的本质存在着主观随意性。就像昔日人们认定和谐统一是完美的古典法则一样，人们同样可以认定别的什么东西也是美的，从而可以随意撷取各种历史形态作为建筑的象征符号。在追求个性化的倾向中，当代一些建筑师由表现建筑功能所赋予的形式而转变为抒发个人情感，即从客观向主观转化，从而使创作越来越带有主观随意性。

当今，建筑师的主体意识异常崛起。某些先锋派建筑师把现代建筑大师的美好愿望说成是"乌托邦"式的幻想，他们极力强调建筑师的自身价值，甚至把建筑作品视作个性表达的工具。因此，建筑设计打破了从功能出发的单一模式，在创作中一味强调偶然性和随机性，玩弄形式游戏，通过扭曲、夸张、变形、倒置等手法，在对立冲突中追求暧昧、变幻不定、猜测、联想等审美情趣，致使建筑创作脱离社会而沦为建筑师的自我表现和情感宣泄。

3）怪诞与幽默

古典美学和技术美学都专注于崇高、典雅与纯洁之美，极力迎合上流社会的审美情趣。但是在当代西方后现代建筑思潮中，以解构主义为代表的建筑师却极力扩展俚俗、幽默等适合于大众口味的审美需求。同时还极力开拓"丑陋"、"怪诞"、"破落"等否定性的审美范畴，这可以说是对千百年来所确定的正统美学观念的反叛。在当代某些先锋派建筑作品中，人们看到的并非是完美的形象、优雅的情趣、近人的尺度与和谐的气氛，而是为奇异、费解和令人失望的感觉所左右，从那里所得到的不是美的愉悦，而是幽默、嘲弄乃至滑稽的感觉。这一切似乎表明：人们已经抛弃了对完美与典雅的追求，转而关注幽默、怪诞和俚俗化的审美情趣。

20世纪70年代以来，西方艺术又以"讽刺"和"亵渎"作为创作的题材和手段，如给裸体的维纳斯穿上比基尼泳装，给达·芬奇的名画"蒙娜里莎"添上胡须，裸露胴体在艺术殿堂表演等，凡此种种都不可避免地会影响到建筑创作。在这方面，美国的塞特集团可谓独树一帜，他们从"反建筑"（De-Architecture）的概念出发，设计了一系列坍塌、败落的建筑形象。例如在休斯敦的 Best 超级市场，塞特将正面设计成坍塌的形象，以期用幽默感来嘲弄现代建筑一付冷若冰霜的刻板面孔。在这一潮流中，日本建筑师也自有其特色，采用许多荒诞不经的艺术语言去创造不同一般的建筑形象。

正是由于丑、怪作为"美"的对立面，千百年来又总是处于被支配、非主流地位，于是解构建筑师就要对这种关系加以颠倒，并把它作为建筑表现的重要因素。由此，他们便表现出一种以丑取代美，以怪诞取代崇高的倾向。

4）残破、扭曲、畸变

后现代建筑师有时对有缺陷、未完成之美表现出特殊的兴趣。盖里（Gehry）说："我感兴趣于完成的作品。我也感兴趣作品看上去未完成。我喜欢草图性、试验性和混乱性，一种进行的样子。"他的住宅就是一个不完美、未完成的建筑宣言——入口处设置了像临时用的木栅栏、缺乏安全感的波形铁板，仿佛给人踩塌了似的前门，好像随时会从屋顶上滚落下来的箱体……这一切都造成了一种不完美、残缺的形象。

也有一些建筑师追求所谓"东方式的完美性"，把完整的看做是并不完美，而在建筑中表达和追求"大圆若缺"的审美意象。更有一些建筑师极力推崇"混乱"与散离状态的关系，他们认为商业繁荣和经济波动必然会导致城市的视觉混乱，这是信息社会中独有的现象，也是城市有生命力的表现。因此把现代科学中的混沌理论引进建筑创作领域，表现出对离散状态和带生活特点的波动系统的极大兴趣。同时他们还认为建筑规范和高技术的秩序的混乱、掺和，是通过宏观上的随意性噪声来平衡的，而这种混乱的美对于墨守成规的人来说是看不到的。

事实上，在今天被称为解构主义建筑师的审美观念中，强调冲突、破碎的意向尤其明显，在他们的作品中，经常出现支离破碎和残缺不全的建筑形象。扭曲、畸变、错位、散逸、重构等，在他们的作品中屡见不鲜，甚至成为不可缺少的标志。因此，詹克斯在《新现代主义》一文中把强调混乱与随机性、注意现代技术与机器式的碰撞拼接、否定和谐统一、追求破碎与分裂等倾向，都看做是"新现代主义"的突出标志。

冲突、残破、怪诞等反和谐的审美范畴用非理性、违反逻辑的扭曲变形、结构解体、时空倒错为手段，向传统审美法则挑战，并借以创造为传统美学法则所无法认同的作品。在这些作品中，寻常的逻辑沉默了，理性的终极解释与判断失效了，出现的则是从未谋面的陌生化的审美境地。

如果说技术美学强调的是主体与客体、功能与形式、合目的性与合逻辑性的契合与统一，那么当代西方建筑审美变异则恰恰与之相反，所表现的则是主体与客体、功能与形式、合目的性与合逻辑性的冲突与离异。

# 本 章 小 结

本章主要讲述建筑设计的内容和需要解决的问题，建筑师与使用者的关系，建筑设计的基本要素、设计语汇及其建筑设计中的美学观点。

本章的重点是建筑设计的语汇。

## 思　考　题

1. 运用设计语汇的相关知识，分析朗香教堂的设计特点。

2. 在校园内，观察不同建筑所使用的材料，并记录五种不同建筑材料的表观特征。

3. 从功能、技术和艺术的角度谈谈你对贝聿铭设计的苏州博物馆的看法。

4. 在古罗马时期、哥特时期和文艺复兴时期分别选择一个建筑，并运用古典建筑的构图原理进行分析。

5. 谈谈你对当代建筑的审美变异的看法。

# 第4章
## 空间与建筑设计

教学目标

主要讲述建筑空间的基本要素和心理感受，空间的形式与尺度，空间的组合和表达。通过本章的学习，达到以下目标：

(1) 掌握生成空间的基本要素；

(2) 了解建筑空间的构成形式与组合关系；

(3) 了解建筑空间中的尺度问题；

(4) 了解建筑空间的各种表达形式。

教学要求

| 知识要点 | 能力要求 |
| --- | --- |
| 建筑空间的基本要素 | (1) 了解点、线、面的概念<br>(2) 掌握点、线、面的构成方式 |
| 空间形式的划分 | (1) 区分内部空间与外部空间<br>(2) 了解灰空间的概念<br>(3) 了解积极空间与消极空间的特征 |
| 建筑空间的尺度 | (1) 了解人体尺度<br>(2) 了解功能尺度<br>(3) 了解感觉尺度<br>(4) 了解视觉尺度 |
| 建筑空间的组成 | (1) 了解界面生成空间的方式<br>(2) 掌握单一空间的构成形式<br>(3) 掌握二元空间的关系<br>(4) 掌握多空间组合的方式 |
| 建筑空间的表达 | 理解对比、重复、过渡、渗透、引导和序列的空间表达方式 |

 引言

在不同的专业领域，对空间的定义和理解有所不同。哲学、数学、物理学、心理学和美学等各个领域都有各自对空间的理解。建筑学领域对空间的理解究竟是什么样的呢？本章主要介绍生成空间的基本要素、空间的尺度和运用各种基本元素组合空间的方式和方法。

# 4.1 空间的产生

在日常生活中，人们有意无意地处在各种空间之中。无论你身在何处，总会发现空间。一群做游戏的小朋友可以围合成一个空间（图 4.1），一把撑开的雨伞可以创造一个空间（图 4.2），一顶帐篷可以创造一个野餐的空间（图 4.3），一个小亭子可以创造一个亭台空间，一幢房子可以创造建筑空间等。

图 4.1　做游戏的小朋友围合成一个空间

图 4.2　撑开的伞创造的空间

人类最早的空间营造活动是从原始人开始的。为了遮风挡雨、阻隔严寒和防止野兽侵袭，原始人从森林里挑选合适的树枝，在树上搭建巢穴，在地面上搭建住所，这就开始了最早的空间营造活动（图 4.4）。

图 4.3　一顶帐篷形成的野餐空间

图 4.4　原始人建造居所

实际上，生活中常常是一些有形之物所限定的空间提供给我们便利。老子在《道德经》第十一章中曾这样说道："埏埴以为器，当其无，有器之用。凿户牖以为室，当其无，有室之用。故有之以为利，无之以为用。"这段话被认为是中国传统道家思想对空间的经典阐释。

空间是建筑的本质，具有不同文化背景的人对空间的理解各不相同。

日本建筑学者芦原义信在《外部空间设计》一书中提到：空间基本上是由一个物体同感觉它的人之间产生的相互关系所形成的。这一关系主要依靠人的视觉来感知。当然，听觉、嗅觉、触觉，也是认知和体验空间的重要手段。

意大利学者塞维·布鲁诺在《建筑空间论》一书中指出：所谓空间，不仅仅是一种洞穴，一种中空的东西或者是"实体的反面"；空间总是一种活跃而积极的东西。空间不仅仅是一种观赏对象……而特别就人类的、整体的观念来说，它总是我们生活在其间的一种现实存在。也就是说，空间的存在具有现实性。空间真实的存在，这种真实除了包括物质上的组成元素和界面、形式上的组合方式等外，还包括人的因素、社会的因素、情感的因素等，是更高层面的理解。

挪威建筑历史学家和理论学家诺伯格·舒尔茨提出五种空间概念：肉体行为的实用空间；直接定位的知觉空间；环境方面为人形成稳定形象的存在空间；物理世界的认识空间；纯理论的抽象空间。他还在《存在·空间·建筑》一书中对存在空间和建筑空间进行了详尽的分析。其中他认为的空间是"环境方面为人形成稳定形象的存在空间"，这对于空间的价值判断与创造具有重要意义。

## 4.1.1 建筑空间的基本要素

世间万物，都有自身的形态。任何形态进行分解、提炼、概括后，都可以找到其最基本的构成元素。空间也不例外，经过分解、提炼、概括后，也可找到其最基本的构成元素——点、线、面。

### 1. 点

1）点的概念

在几何学定义中，点只是个相对的概念，点只代表位置，没有大小、长度、宽度和厚度，是最小的单位。线的两端、线的转折处、三角形的角端、圆锥形的顶角等位置都有点的存在。

2）空间中的点

空间中的点不仅有位置、方向和形状，而且有长度、宽度和厚度。空间中的点已经不是真正几何学意义上的点，只是一种相对比较小的视觉单位。点物体的长、宽、高中没有一个尺度明显大于其他尺度。点在不同背景、不同距离内，可能有时会是点，有时会是面，甚至有时还是体，判断空间中的点，视不同环境和情况而定。如，看着身边走动的人，你绝对不会把他们定义为点，但当你在30层的大厦上往下看人，这时对人的定义就会是点。

空间中，"点"是一切形态的基础，也是构成要素的最小单位。

点作为空间的构成要素，它的特点是活泼多变的，是空间其他构成形态的基础，点具有很强的视觉引导和集聚的作用。

点在空间中可以通过集聚视线而产生心理张力，点也可以起到引人注意的作用并且可以紧缩空间，而产生节奏感和运动感。在空间中不同的点起到不同的作用，并且不同的点给人不同的视觉感受（图4.5）。点通常是在空间中通过比较而得以确认位置和特征。空间中以不同形式出现的点，具有不同的生命力。

在我们生活的环境中，点随处可见，只要相对于它所处的空间来说具有足够小的特征，而且是以位置为其重要性的物体都可以看成是点。例如，墙面上的一个挂钟，商店门面前的店徽，大型企业建筑物上的一面红旗，原野中的一间茅屋等，都是相对于其所在空间构成的点。尽管点很小，以至于可以忽视它存在的体积，但它却可以标明或强调位置，形成视觉注意的焦点。点的这种位置、坐标和方位的性质，在设计中运用很广泛。在形式构图中，所谓点的本质其实是位置的概念，实际上就是经营各种形式要素的方法和坐标。

当空间中很多点的间距比较近时，连续排列有线、面的感觉，即点群化中的线化和面化（图 4.6）。

点在空间中的位置很重要，当一个点在空间中位置相对居中时，能使空间保持安定感、显得平稳，还可以提高人的关注度。当一个点在空间中处于比较边缘的位置时，有逃逸的感觉。

图 4.5　单独的点具有向心性和强烈的注目性

图 4.6　多个点的面化

2. 线

1）线的概念

在几何学定义中，线只有位置、长度而不具有宽度和厚度，线是点的运动轨迹。线的形态上大致可分为直线和曲线两种。空间中所有的线形态都是直线与曲线混合派生出来的。

2）空间中的线

空间中的线，虽然不同于几何学意义上的线，但只要物体的长、宽、高中有一个尺度明显大于其他尺度数倍，具有线的特征的都可以视为线。或者还可以将空间中相对细长的形体理解为线。空间中，可以视为线的例子非常多。例如，电线可视为线，电线杆也可视为线，电视塔、高层建筑、水平条状建筑、俯视下的江河等都可以看成是线的状态。

空间中线的形态，与点强调位置与聚集不同，线是构成空间的基础构成元素之一，线组合方式的不同能构成千变万化的空间形态。空间造型中，线常用来表现韵律和秩序感。

线在空间构图形式中的运用，还主要体现在确立线的走势方向和构成画面的基本骨架等方面。在充分运用不同表情和性格的线来构图时，应注意以下两个方面的问题：一是方向性，即指线的位置延续移动的指向性，通常既要注意方向的对比（方向的不同），又要照顾到方向的呼应和过渡关系（方向相同）；二是各种线的构成不是单一孤立的，而常常是两种或多种线的综合运用，这样才能给人以丰富的感觉。

线在空间中可以通过指向性而产生心理暗示作用，线可以起到延伸空间作用，可以引导空间，产生韵律感和秩序感。线在空间中和点一样也能够加强空间的变化，起到扩大空间的效果(图 4.7)。

此外，并且空间中的线还可以起到以下几个作用：空间中的线在形体间起到连接的作用；空间中的线可以分割和限制空间作用；空间中的线有引导视线和指示作用或转移视线和重点的作用；空间中的线有表达情感、传递信息的作用。

3) 各种线具有不同的性格特点

(1) 直线——直线在最简洁的形式中表现了无限的张力和方向，它包含粗直线、细直线、折线、垂直线、水平线、斜线等。直线给人的感觉是具有直接、锐利、明快、简洁、刚直、坚定、明确等特点。

垂直线富于生命力、力度感、伸展感、崇高与庄重感，有向上、崇高、坚强不屈的感觉。垂直线构图具有向上、稳定、有力之感。人的视线的自然移动方式是从一侧向另一侧。垂直线把注意力引至

图 4.7 空间造型中，线常用来表现方向性和秩序感

上下移动，使视线提高，也使空间高度得以更充分的显现。另外，垂直线具有分割画面、限定空间的作用。

水平线有稳定、平静、呆板、庄重、静止、平和、安静、舒缓的感觉。水平线构图在设计中被普遍使用，可以起到横向拓展空间的作用，由于线的指向性使得水平线形构图具有较好的导向作用，另外，水平形体的平和、安详特征，能满足观者视觉的舒适感。

斜线具有运动感，动向、方向感强，有兴奋、迅速、运动、前进的感觉。斜线构图可以打破平行线和垂直线的稳定性，制造一种动的、富于丰富变化的视觉效果。这种类型构图的空间会使观者产生新奇感和刺激感，从而取得强烈的动感。不过，斜线构图应注意斜度和势向的控制，把握斜线和斜线之间所形成的角度。在生动、活泼的变化中求得统一、平衡。另外，由一点形成中心，向四周放射的斜线可形成扇形、半圆形等多种形式，可将人们的目光集中到焦点上，也可将目光从焦点引向四方。

细线显得精致、挺拔、锐利；粗线显得壮实、敦厚；折线显得方向变化丰富，易形成空间感。

(2) 曲线——曲线与直线相比显得有柔性和弹性、有柔软感，含有女性特征，具有幽雅、秩序、丰满、优雅、柔和、流畅、轻盈、自由和运动变化的性格，并有较强的柔韧性和速度感。曲线包括自由曲线和几何曲线。

① 自由曲线——是指不借助任何工具，随意的徒手而成的曲率不定的曲线，具有富有弹性、流畅、柔美、富于变化、自由、潇洒、自如、随意、优美的特点，如开放曲线、波形线、螺旋线等。

② 几何曲线——是指用规矩绘制的曲线，具有弹力、紧张度强，体现规则美的特点，如圆、椭圆、抛物线、等距半径曲线等；具有节奏、比例、规整性和审美趣味，以及柔和、成熟、完满的特点。不同的曲线也呈现了相异的性格，其中抛物线具有速度感，给人

以流动和轻快的感觉；螺旋线有升腾感，给人以新生和希望；圆弧线有向心感，给人以张力和稳定（图 4.8）；S 形线有回旋感，给人以节奏和重复；双曲线有动态平衡感，给人以秩序和韵律。运用这些表情不同、性格各异的曲线进行空间形式构图，可调节、活跃画面，使空间节奏明确、韵律流畅，避免形象枯燥和呆板，给人以优美、活泼、生动的感受。

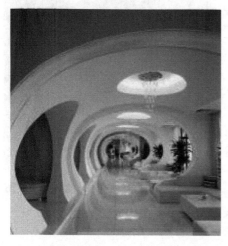

**图 4.8　圆弧形有向心感，给人以张力和稳定**

曲线的长短粗细也给人以不同的感受。粗而短的线具有坚强、有力、稳、笨拙、顽固等表情；细而长的曲线则有纤弱、细腻、敏锐、飘逸等表情。各种不同表情的线若运用在不同内容的空间中，其视觉效果很明显。

### 3. 面

#### 1）面的概念

在几何概念中，面是线移动的轨迹。面也是构成空间的基础构成元素之一，有着强烈的方向感、轻薄感和延伸性。直线平移而成方形，直线旋转移动成圆形，自由弧线移动构成有机形，直系和弧线结合运动形成不规则的形。

面物体的长、宽、高中有长度和宽度，而厚度与长宽相比尺度小数倍。

面有几何形、有机形和不规则形三种类型，其视觉特征也有所不同。

#### 2）空间中的面

面不仅具有点的位置、空间张力和群化效应，也具有线的长度、宽度和方向等性质，同时还具有面积所构成的"量感"特征。

面的大小、虚实不同，会给人不同的视觉感受。面积大的面，给人视觉扩张感；面积小的面，给人的视觉内聚感；实的面，给人以量感和力度感，称为定形的面，或静态的面；虚的面，如由点或线密集构成的面，给人以轻而无量的感觉，称为不定型的面，或动态的面。任何形态的面，都以通过分割或面与面的相接、联合等方法，构成新的形态的面，呈现不同的风格。

在空间形式中，面的构成如同二维空间的绘画一样，形体的配置过程如同绘画中对形象元素的运用，根据不同形状、大小、色彩、质地的表情和性格来进行相应的组合、搭配。在这当中，确认主要的形象要素并给予充分的表现和强调非常重要，这样才能突出主要形象，突出主题，使之成为视觉的重点。

面的形状千姿百态，但总体上可以分为两大类：平面和曲面。平面可进一步分为几何平面和自由平面。

（1）平面。

① 几何平面——具有较简单、明确和直截了当的表情。它的两个最原始的形状是正方形和圆形。在这两个图形的基础上，可变化出诸如半圆形、长方形、三角形、梯形、菱形、椭圆形等各不相同的几何形状，也就形成了不同的表情和性格，如正方形的平直、明确；长方形的刚直、舒展；圆形的稳定、柔和；三角形的有力、向上等，都能带给人不同

的感觉。

② 自由平面——自由平面是随意的、灵活的，其中自由直线面给人直接、敏锐、明快、生动的感觉；自由曲面则有优雅、柔和、丰富等效果。面的主要特征是具有幅度和形状。所以在面的构成中，要把着眼点放在面的比例、方向、前后、大小、距离上面。

（2）曲面。

曲面是由一条动线，在给定的条件下，运动产生的。曲面可分为：

① 直线面——由直母线运动而形成的曲面。

② 曲线面——由曲母线运动而形成的曲面。

根据形成曲面的母线的运动方式，曲面可分为：

① 回转面——由直母线或曲母线绕一固定轴线回转而形成的曲面。

② 非回转面——由直母线或曲母线依据固定的导线、导面移动而形成的曲面。

现代建筑中，由曲面构成的空间形式也很常见。如国家大剧院（图 4.9）、东海大学路思义教堂等。

图 4.9 国家大剧院

## 4.1.2 建筑空间的心理感受

人们对空间的认识来源于对空间的感受。

1. 不同形状空间的心理感受

不同形状的建筑空间会在人的心理产生不同的感受。

最常见的空间形状是矩形，矩形也是最实用的空间。它能够给人心理上带来一种稳定感。不同形状的矩形空间给人的心理感受有很大差异。

除矩形外，各种几何形和异形空间因其形象的不同也会给人带来不同的感受。弧形和曲线环状的空间会给人一种明显的导向感（图 4.10），而锐角空间则给人一种新奇又刺激的空间氛围（图 4.11）。

当今，有许多建筑师冲破了几何体组合空间带来的审美疲劳，开始创造标新立异的空间形式，追求多样化的心理感受，给人们带来崭新的空间体验。这些变化多端的空间似乎已经走出了我们熟悉的空间形式，但是它们离空间的本质却显得越来越远（图 4.12 和图 4.13）。

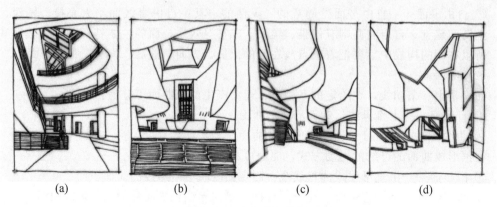

(a)         (b)         (c)         (d)

图 4.10　迪斯尼音乐厅

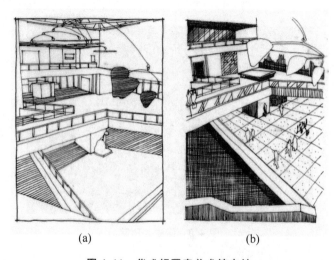

(a)                (b)

图 4.11　华盛顿国家美术馆东馆

图 4.12　2010 上海世博会罗马尼亚馆         图 4.13　CCTV 大楼

2. 不同开合程度的心理感受

由于使用功能、性质和结构形式等因素的不同，建筑空间具有了不同的开合度。空间的开合程度分为开放、封闭和半开放三种形态。开合的程度主要取决于围合空间界面的形态，尤其是垂直界面的形态。

一般来说，开放的形态使空间具有开敞、通透、明快、轻松、活泼、外向等空间感受（图4.14），但过度开敞则会使人觉得冷漠无情、不易亲近；封闭的形态使空间具有内向性、安全性、保护性，使空间更加私密、给人安全、稳定感，甚至具有神秘之感（图4.15）。半开放的形态使空间性质显得模糊不清、模棱两可，具有弹性和多义性，可适应多种功能的需求。半开放形态的空间兼具内向性与外向性（图4.16～图4.18）。

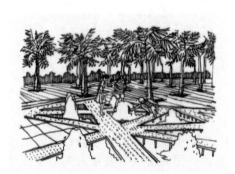

图 4.14　岐山公园

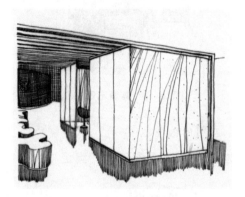

图 4.15　釜山设计中心

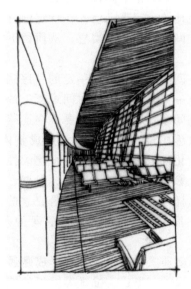

图 4.16　北京首都国际机场3号航站楼

图 4.17　上海延中绿地

不同的空间开合程度保证了空间组织的丰富性与多样性。在一系列连续的空间中，空间的开合变化赋予空间一定的秩序，给空间的节奏带来变化，使空间多样化，人的体验和情感也随之变化（图4.19）。

图 4.18　某酒吧凹室空间

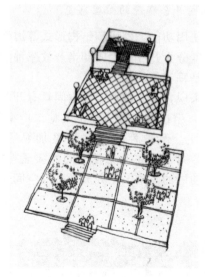

图 4.19　空间的开合变化

### 3. 空间的秩序感

空间的设计与组织不仅要满足功能的需求，还要考虑人们在空间中行进时的心理感受。整体空间的组织需要在人的心里形成一种秩序感，这种秩序感的形成主要依据设计师的序列安排，即把空间排列和时间先后这两个因素有机地统一起来，使人在特定的行进路线中感受空间的变化和节奏感，从而留下完整深刻的印象。

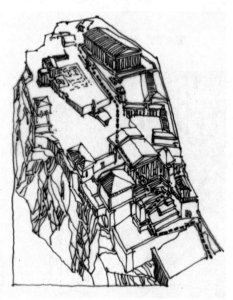

图 4.20　雅典卫城的空间序列

空间的序列会营造一定的秩序感。空间的序列是一个三维空间在时间维度上的延展，所以，空间序列感的形成需要人在连续运动和行进的过程中逐一体会，从而形成整体的印象。空间变化也是始终保持着这种连续性。如同小说、电影、音乐，都有开始、发展、高潮和结尾，这样才会让人觉得故事是完整的、跌宕起伏的、回味无穷的，空间序列的展开也是如此。

从实质上说，秩序感的形成是通过一系列体量、尺寸、形状、位置等因素的控制，运用对比、重复、过渡、衔接、引导等手法来营造统一而有变化的、完整的空间群来实现的（图 4.20）。

### 4.1.3 建筑空间所要解决的问题

空间的量度应与空间的功能、性质相符，并充分考虑人的感受。

**1. 功能性**

建筑空间要解决的首要问题就是满足人们的各种使用需要，即满足使用上的需求。如居住、饮食、娱乐、会议等各种活动对建筑的基本要求，是决定建筑形式的基本因素，建筑各房间的大小、相互间的联系方式等，都应该满足建筑的功能要求。

**2. 舒适性**

在具体的空间设计中，空间体量要让人感觉舒适。例如：如果住宅空间体量过大时将失去亲切、宁静、温馨的气氛，人与人之间由交谈变成了喊话，造成了情感上的疏远；如果住宅高度过高也容易让人产生不安定感，过低则会觉得局促压抑。因此，以人为标尺，让人感受舒适的大小才是空间设计追求的目标。

**3. 精神需求**

空间的量度有时还取决于精神的需求。如哥特式教堂或伊斯兰教建筑中高大的空间体量并不是出于功能需要，而是为了创造出宗教的精神力量，追求的是一种强烈的建筑艺术的感染力。

# 4.2 空间产生的基本形式

## 4.2.1 空间的形式与尺度

**1. 空间的形式**

按照空间的性质，以空间限定要素即围合空间的物质要素为界限，空间可以分为室内空间、室外空间和灰空间(图4.21)。如果按照空间与人类行为的关系来分，空间可以分为积极空间(图4.22)和消极空间(图4.23)。

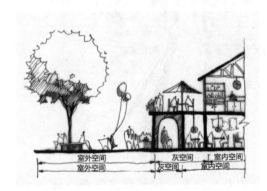

图4.21 空间类型的划分

图4.22 积极空间

图 4.23  消极空间

1）外部空间与内部空间

芦原义信在《外部空间设计》一书中写道：外部空间是由人创造的有目的的外部环境，是比自然更有意义的空间。从建筑师的角度看，在某一用地中，外部空间是建筑的一部分，是"没有屋顶的建筑空间"。

内部空间是人们为了满足某种功能或目的，通过一定的物质手段从自然中围合、分隔出来的，其特征表现为封闭的和半封闭的，空间的私密性更强（图 4.24）。外部空间相对于内部空间而言，是属于自然的一部分，又是比自然更具有意义的人类改造、创造出来的空间，其特征表现为开敞的和半开敞的，空间的公共性和开放性更强（图 4.25）。

图 4.24  苏州博物馆走廊空间

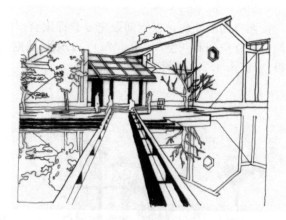

图 4.25  苏州博物馆外部空间

就建筑空间来说，可将建筑的各个界面划分为建筑内部空间和建筑外部空间。顶界面、底界面、垂直界面是限定建筑空间的三要素，其中顶界面的有无又可以看做是区分内部、外部空间的界限。换言之，外部空间就是用比建筑空间少一个顶界面要素而由底界面、垂直界面这两个要素所创造的空间，如城市公共绿地公园、广场、街道等。在某一区域内，有顶面限定的空间可以看做是建筑的内部空间，无顶面限定的空间则被视为建筑的外部空间。从外部空间形成的过程来看，外部空间主要是借助于建筑体而形成的（图 4.26～图 4.31）。

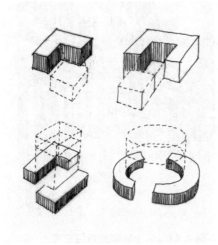

图 4.26　城市外部空间的形成

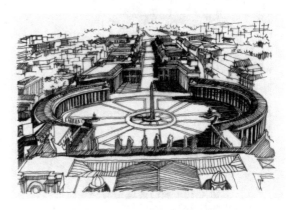

图 4.27　罗马圣彼得教堂广场

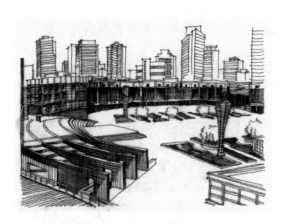

图 4.28　宁波天一广场一隅

图 4.29　宁波天一广场街道空间

图 4.30  澳门街道空间

图 4.31  瑞士苏黎世街道空间

2）灰空间

在某些情况下，内部、外部空间的界限似乎又不是十分清晰，很难用有顶和无顶来严格区分，这些空间既可以说是内部空间，又可以说是外部空间，因此将其称为灰空间，或称中介空间、过渡空间或二次空间。

灰空间是介于内部空间和外部空间之间的一种空间形式，其空间特征是半封闭半开敞的，它兼具内部、外部空间的特性，具有模糊性、不确定性和中立性。

灰空间是由日本建筑师黑川纪章提出的，他在《日本的灰调子文化》中提出：作为室内与室外之间的一个插入空间，介于内与外的第三域……因有顶盖可算是内部空间，但又开敞，故又是外部空间的一部分……

灰空间的连续性既可以是真实的空间连续，如四面开敞的亭子、悬挑的雨棚等，也可以是视觉上的空间连续，如玻璃界面围合的建筑、透明珠帘创造的界面等（图 4.32～图 4.34）。

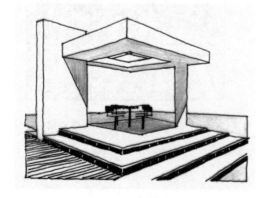

图 4.32  景观亭

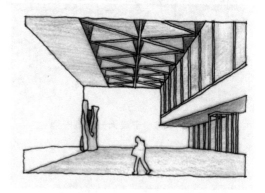

图 4.33  美国华盛顿国家美术馆东馆一角

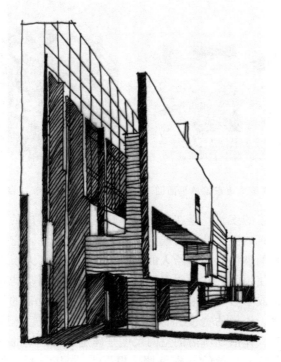

图 4.34 理查德·迈耶设计的建筑

3）积极空间与消极空间

积极空间和消极空间的理论是芦原义信在《外部空间设计》中提出的，他认为：建筑空间可以大体分为从周围边框向内收敛的空间和以中央为核心向外扩散的空间。

也就是说，如果一个具有意义的空间在自然中建立起向心的秩序，创造出能够满足人的意图和功能的空间，就是积极空间。这样的空间具有积极性，是有计划性的（所谓计划性，对空间论来说就是首先确定外围边框，并向内侧去整顿），具有收敛性，具有从外向内的空间秩序。建筑的内部空间可以说是具有内部功能的积极空间。比如，在某一场地上有目的、有计划地规划建设一栋建筑，并处理建筑与周边的关系，这一活动就是创造积极空间的活动（图 4.35）。

如果一个空间被自然的、非人工意图的空间所包围，可以把它视为消极空间。这种空间具有消极性，它是自然发生的，无计划性（所谓无计划性，对空间论来说就是从内侧向外侧增加扩散性），具有扩散性。一些自然生成的村落，是从内向外地自发扩散，它的周围空间可以是无限扩展的，可视为消极空间（图 4.36）。

空间的创造性包括从看似无限的大自然中有计划地分隔组织出积极性空间和创造向无限发散的消极空间。

积极空间和消极空间的概念对于感受空间的现象、认知空间规律和性质、创造空间形式、创建空间秩序等一系列与空间营造有关的活动都有很大帮助。

2. 空间的尺度

首先，要明确尺度的概念。尺度与尺寸是两个不同的概念。尺寸是度量单位，如厘米、

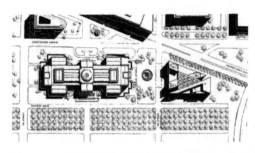

图 4.35　美国华盛顿国家美术馆东馆总平面图　　　　图 4.36　自然生成的村落

米等，是对建筑物或要素的度量，是在数值上反映建筑及各构成的要素的大小。而尺度是在不同空间范围内，建筑的整体及各构成要素使人产生的感觉，它不仅涉及真实大小和尺寸，更是反映出建筑物的整体和局部给人的大小印象与其真实大小之间的关系。

其次，建筑是为人使用的，它的空间尺度必须满足人体活动的要求，既不能使人活动不方便，也不应过大造成不必要的浪费。建筑物中的家具、设备的尺寸，踏步、窗台、栏杆的高度，门洞、走廊、楼梯的宽度和高度，也都和人体尺度及其活动所需空间尺度有关。所以，人体尺度和人体活动所需的空间尺度是确定建筑空间的基本依据。

最后，人的自身是建筑尺度的基本参照。根据人体尺度设计的家具以及一些建筑构件，是建筑中相对不变的因素，如座椅、栏杆，也可以作为衡量建筑尺度的参照物。

当我们熟悉了尺度的原理之后，就可以运用它进行建筑设计，使建筑空间呈现出恰当的或我们所预期的某种感觉。

1）人体的基本数据

由于很多复杂因素都在影响着人体尺寸，所以个人与个人之间，群体与群体之间，在人体尺寸上存在很多差异，差异的存在主要在以下几方面。

图 4.37　勒·柯布西耶的模度尺示意图

对于人体尺寸比例的研究一直是历代建筑师研究的重点。距今最古老的关于人体尺寸比例的记载是在埃及古城孟菲斯的金字塔的一个墓穴中发现的。文艺复兴时期，列奥纳多·达·芬奇根据罗马建筑工程师维特鲁威的人形标准，创作了著名的《维特鲁威人》（图 1.19）。著名现代建筑大师勒·柯布西耶把比例和人体尺度结合在一起，提出了一种独特的"模度"体系（图 4.37）。

身高——不同的国家，不同的种族，因地理环境、生活习惯、遗传特质的不同，人体尺寸的差异是十分明显的，人的平均身高从越南人的 160.5 厘米到比利时人的 179.9 厘米，高差幅竟达 19.4 厘米。

我们在过去一百年中观察到的生长加快（加速度）是一个特别的问题，子女们一般比父母长得高。欧洲的居民预计每十年身高增加 10～14 毫米。因此，若使用三四十年前的数据就会导致相应的错误。美国的军事部门每十年测量一次入伍新兵的身体尺寸，以观察身体的变化，第二次世界大战入伍的士兵的身高尺寸超过了一战入伍的士兵。认识这种缓慢变化与空间设计的关系是极为重要的。

我国按中等人体地区调查平均身高，成年男子身高为 1697mm，成年女子为 1586mm。人体基本构造尺寸（表 4-1）。

表 4-1　人体各部尺度与身高比例

| 部　　位 | 百分比（%） | | 部　　位 | 百分比（%） | |
|---|---|---|---|---|---|
| | 男 | 女 | | 男 | 女 |
| 两臂展开长度与身高之比 | 102.0 | 101.0 | 前臂长度与身高之比 | 14.3 | 14.1 |
| 肩峰至头顶高与身高之比 | 17.6 | 17.9 | 大腿长度与身高之比 | 24.6 | 24.2 |
| 上肢长度与身高之比 | 44.2 | 44.4 | 小腿长度与身高之比 | 23.5 | 23.4 |
| 下肢长度与身高之比 | 52.3 | 52.0 | 坐高与身高之比 | 52.8 | 52.8 |
| 上臂长度与身高之比 | 18.9 | 18.8 | | | |

2）人体的功能尺度

人体基本动作尺度——人体活动的姿态和动作是无法计数的，但在设计中控制了它的主要的基本动作，就可以作为设计的依据。这里的人体动作的尺寸是实测的平均数（图 4.38～图 4.40）。

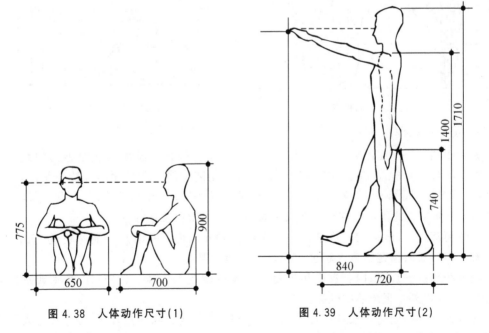

图 4.38　人体动作尺寸(1)　　　　图 4.39　人体动作尺寸(2)

人体活动所占的空间尺度——这是指人体各种活动所占的基本空间尺度，如坐着开会、拿取东西、办公、弹钢琴、擦地、穿衣、厨房操作和其他动作等（图 4.41）。

轮椅的空间尺度——关于残疾人的活动所占的空间尺度及其设计问题是一个专项的研

究学科——无障碍设计(图4.42)。许多发达国家在这项研究上已经形成比较成熟的体系。我国近些年来也逐渐重视无障碍设计,并制定了专门的无障碍设计规范。

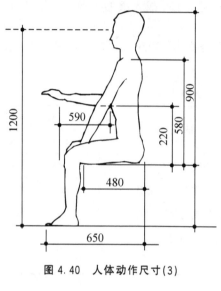

图 4.40  人体动作尺寸(3)

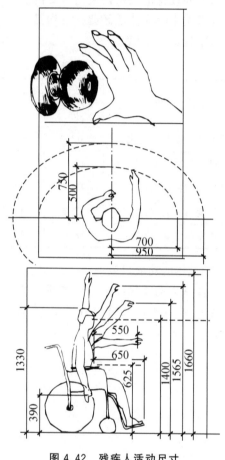

图 4.42  残疾人活动尺寸

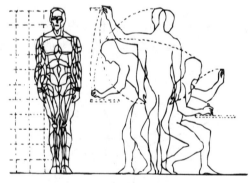

图 4.41  人体动作空间

3) 人体的感觉尺度

人际距离——亲密距离:0~0.45m,表达温柔、爱抚、激愤等强烈感情的距离。个人距离:0.45~1.3m,亲近朋友谈话,家庭餐桌距离就属于此种距离。社会距离:1.3~3.75m,邻居、同事间的交谈距离,洽谈室、会客室、起居室等。公共距离:大于3.75m,单向交流的集会、演讲,严肃的接待室、大型会议室等。

听觉距离——7m以内:可进行一般交谈。30m以内:听清楚讲演。超过35m:能听见叫喊,但很难听清楚语言。超过30m,要使用扬声器。

嗅觉距离——1m以内:衣服和头发上散发的较弱的气味。2~3m:香水或别的较浓的气味。3m以外:很浓烈的气味。

在设计交往空间时,家具布置要适当留有距离,避免间距过小造成的人与人距离过近,产生尴尬状况。

4) 视觉尺度

对设计师来说,视觉尺度是非常有趣的。它指某物与正常尺寸或环境中其他物品的尺寸相比较时，看上去是大还是小。当参照物变化时，视觉尺度也随之发生变化(图 4.43)。

图 4.43 参照物不同尺度的变化

当我们说某物尺度小或微不足道时，我们通常是指该物看上去比其通常的尺寸要小；同样，某物尺度大，则是因为它看上去比正常尺寸大。

当我们谈到某一方案的规模是以城市为背景时，我们所说的是城市尺度；当我们判断一栋建筑是否适合它所在的城市位置时，我们所说的是邻里尺度；当我们注重沿街要素的相对大小时，我们所说的是街道尺度。

关于一栋建筑的视觉尺度，其所有要素，无论多么平常都有其自己的尺寸，我们观察它的时候，总是在与建筑的其他局部或整体相比较。例如：建筑立面上的窗户的大小和比例在视觉上与其他窗户，以及窗户之间的空间和立面的整体大小有关。如果所有窗户的大小和形状都一样，那么与立面的大小相比，它们就形成了一种尺度(图 4.44 和图 4.45)。

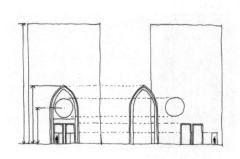

图 4.44 机械尺度与视觉尺度的对比

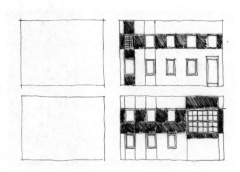

图 4.45 窗的变化带来视觉尺度的变化

然而，如果有一个窗户比其他窗户大，它将在立面构成中产生另外一个尺度。尺度间的跳跃可以表明窗户背后空间的大小和重要性，或者它可以改变我们对于其余窗户大小的感知，或者改变我们对于立面总体尺寸的感知(图 4.46)。

图 4.46 窗后比例人的变化带来视觉空间大小的变化

许多建筑要素的尺寸和特点是我们所熟知的，因而能帮助我们衡量周围其他要素的大小。像住宅的窗户单元和门口能使我们想象出房子有多大，有多少层；楼梯或者某些模度化的材料，如砖和混凝土块，能帮助我们度量空间的尺度。正是因为这些要素被人们所熟悉，因此，这些要素如果过大，也能有意识地用来改变我们对于建筑形体或空间大小的感知。

有些建筑物和空间具有两种或多种尺度同时发挥作用。弗吉尼亚大学图书馆的入口门廊，模仿罗马的万神庙，它决定了整个建筑形式的尺度，同时门廊后面入口和窗户的尺度则适合建筑内部空间的尺寸。

兰斯大教堂向后退缩的入口门拱，是以立面的尺寸为尺度设计而成的，在很远的地方就能够看到并辨认出教堂内部空间的入口(图4.47)。但是，当我们走近时就会发现，实际的入口只不过是巨大门拱里的一些简单的门，而这些门是以我们本身人体的尺度设计的。

尺度是建筑空间的一个重要特性，它能对人们的心理产生重要的影响，从而影响建筑空间的艺术表现。因此，恰当地处理好建筑的尺度，使之符合人们的心理需求，从而表现出建筑空间的艺术性，这对于一个建筑师来说是非常重要的。

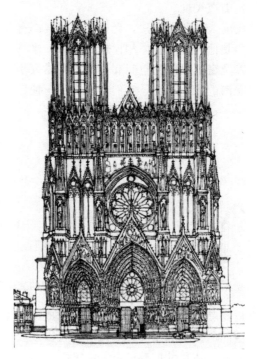

图4.47 兰斯大教堂立面

## 4.2.2 空间的形式与组合

1. 空间的构成

1) 图与底的关系

人们的视野中总是会出现各种要素，形成一个个构图，将其中的各要素整理归纳，就会发现构图中总会存在图形和背景的关系。图形可以看做是正形的要素，那么背景则是负形的底图要素。图与底是相对的，却又不能分开，没有底就不会有所谓的图；没有图，底也就不存在了，图与底两者相互依存，对立而统一，可以实现相互转化（图4.48和图4.49）。

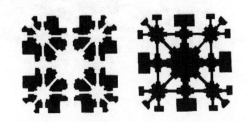

图 4.48 街道与建筑的图底关系反转

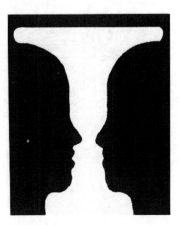

图 4.49 鲁宾杯

实体和空间也具有图和底的特征，是一种对立统一的关系。实体和空间可以相互转化，它们彼此依靠而存在。

2）限定空间的界面

人们对空间的感知，基本是依靠限定空间的各种形式的界面来实现的。界面，就是由物质载体限定的边界。这个边界可以是一个面或者一个实体，也可以是一个模糊的界限范围（图4.50～图4.54）。

图 4.50 赫尔辛基当代艺术博物馆室内

图 4.51 杜塞尔多夫街头公园

界面可以进行空间的分隔和围合。限定空间的界面可以分为底界面、顶界面、垂直界面三种。

一般来说，内部空间由顶界面、底界面和垂直界面所限定，外部空间由垂直界面和底界面所限定。有些情况，垂直界面可以不是十分清晰或者不存在；有些时候，底界面、顶界面和垂直界面之间的关系不那么明确，甚至连为一体（图4.55和图4.56）。

图 4.52 公园中的亭子

图 4.53 某公园景观

图 4.54 釜山设计中心

图 4.55 顶界面与垂直界面合并

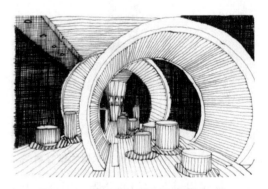

图 4.56 顶界面与垂直界面浑然一体

　　当然，空间的形成或限定并非要底界面、顶界面和垂直界面同时存在，这其中一个或两个要素都可以形成空间，空间的界面越多所限定的空间越清晰；反之，空间的界面越模糊，空间的清晰度也会被弱化（图 4.57～图 4.59）。

　　底界面与底面有三种关系：与底面重合、相对底面的升起和相对于底面的下沉。

图 4.57 英国伦敦 Thames Barrier 公园

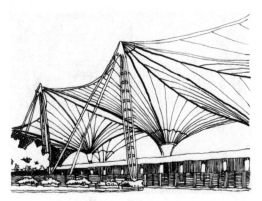

图 4.58 2010 上海世博会世博轴

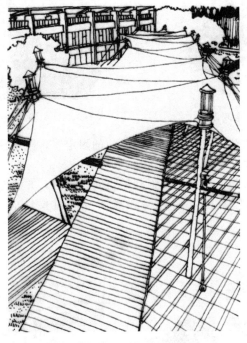

图 4.59 居住小区张拉膜景观

底界面与底面重合。这种形式主要依托底界面的色彩、质感、与周围环境的区分就可以限定出一个空间范围。例如，空间设计中经常用地面材质的变化来区分不同的功能区域（图 4.60～图 4.63）。

图 4.60　荷兰 Van Heekplein 超市广场

图 4.61　上海延中绿地

图 4.62　苏州金鸡湖畔

图 4.63　釜山医院

　　底界面相对于底面的升起或下沉可增强空间的限定感，限定感之强弱、视觉的连续程度与底面的高度变化有关。

　　底界面相对底面的升起，会有一种强烈的空间领域感，并给空间带来一种扩张性。升起的空间具有神圣感和庄重感，能够起到强调空间重要性的作用，并充分引人注意（图 4.64 和图 4.65）。

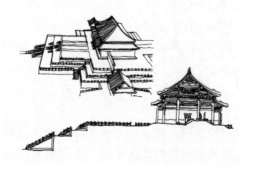

图 4.64　故宫太和殿

图 4.65　某咖啡厅室内

底界面升起的高度影响着人的视觉感受与整体空间的连续性。当升起的高度低于人的视平线时，视觉与整体空间的连续性得到维持；当升起的高度高于视平线时，视线与整体空间的连续性被中断（图4.66）。

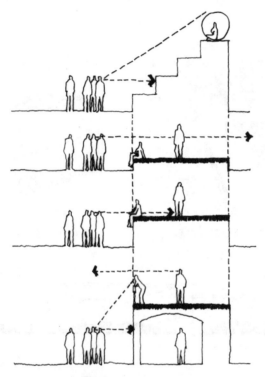

图4.66 底界面升起的高度与人的视觉感受和周围空间的联系

底界面相对底面的下沉，可以明确界定一个范围，并给人以强烈的空间感。下沉后形成的空间具有内向性、安全感和亲切感，可以起到限定某个功能区域的作用（图4.67）。

图4.67 上海静安寺广场

底界面下沉的高度影响着人的视觉感受与整体空间的连续性。当下沉的高度低于人的视平线时，视觉与整体空间的连续性得到维持；当下沉的高度高于视平线时，视线与整体空间的连续性被中断，空间具有较强的独立性（图4.68）。

顶界面可以限定它本身至底面之间的空间范围。其空间的形式和性质由顶面的边缘轮廓、形状、尺寸和距离底面的高度决定(图4.69、图4.70)。其最大的特征是遮蔽性,顶界面限定的空间其私密性并不强,空间围合感也不十分强烈。如果与垂直界面配合,其空间领域性会更清晰(图4.71)。

图 4.68　北京奥林匹克公园下沉广场

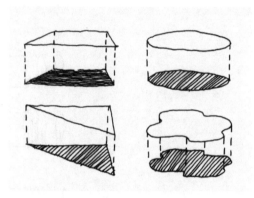

图 4.69　顶界面的形状限定空间形状

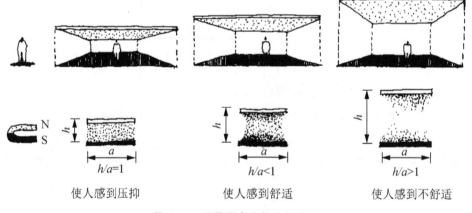

使人感到压抑　　　　使人感到舒适　　　　使人感到不舒适

图 4.70　顶界面高度与空间感受

图 4.71　2010 年上海世博会墨西哥馆

顶界面与底面之间的距离对空间有着重要的影响。如果这一距离相对于人的高度过低，所形成的空间就会感到压抑；反之，这一距离相对于人的高度过高，形成的空间就会缺少亲切感。

垂直界面主要表现为柱、隔断、墙面、栏杆等垂直要素。

由于人的视线与垂直要素相交叉，所以，与底界面和顶界面相比，垂直界面对空间的限定更加有效。垂直要素限定的空间具有相对清晰的领域感，但不一定完全隔断空间的连续性，这种特征为视线的通透提供了可能(图 4.72)。

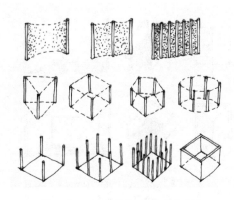

垂直界面的限定要素主要有线和面。线要素限定的空间不完全隔断，空间具有一定的连续性，有较清晰的领域感，空间之间渗透性和交融性好，具有趣味性和活泼生动的空间特征。面要素限定的空间与线要素限定的空间相比，空间的领域感更加强烈

**图 4.72　垂直线要素限定空间**

(图 4.73 和图 4.74)。在空间设计中面要素可以通过一个、多个或组合的面来限定空间，限定元素的不同组合方式使空间之间在连续性上表现为或弱或强的空间效果，这给设计师创造不同的空间领域感带来了极大的丰富性(图 4.75 和图 4.76)。

**图 4.73　苏州金鸡湖畔**

**图 4.74　宁波天一广场**

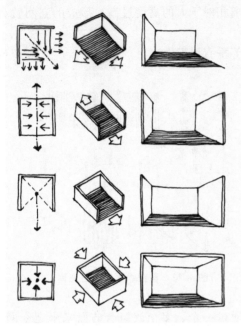

图 4.75　垂直界面限定空间

图 4.76　威尼斯圣马可广场

　　垂直界面还与其限定要素的大小、色彩、质感、图案等因素有关。

　　在很多情况下，底界面、顶界面和垂直界面会以不同的方式组合来限定空间。因各个面的大小不同，可以组合形成一般的、窄而高、细而长、低而大等不同的空间形式（图 4.77～图 4.79），使空间具有自身的特性，给人带来不同的空间感受。

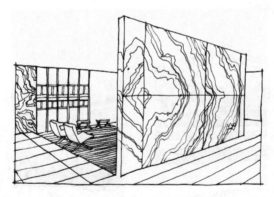

图 4.77　巴塞罗那博览会德国馆室内

　　3）空间的限定度

　　空间与空间联结部位的界面处的封闭程度称为空间的限定度。空间与空间的联结往往由开洞来解决，开洞的部位形成一个虚面，当虚面与实面之间的夹角越大时，限定感越强，流通感减小，相反夹角越小，流通感增大，限定度减弱（图 4.80）。因此空间的限定度也是相邻空间之间的流通关系，空间设计主要就是在限定度和流通感上进行设计。

图 4.78 意大利米兰主教教堂

图 4.79 扬州传统街巷

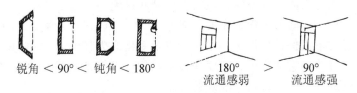

图 4.80 虚实面夹角与限定度的关系

4）空间的层次

每一个界面都会在一定程度上限定空间，多个界面的同时运用有时会使空间在多个层次上被限定，形成空间中的空间，这就是空间的层次。

空间的多次限定体现了不同层次的功能关系之间的组合要求，是空间设计中常见的一种方式。根据具体需要，每一个层次可以是被明确限定的，也可以是模糊不清的，但是不管如何限定，最后一次限定的空间（空间中的空间）往往是强调的、主要的空间，而其余层次则是从属的空间，因此这种层次关系也往往成为主从关系。

空间的层次与限定的界面没有层次数目上的对应关系。我们可以用多个界面来限定一个层次的空间，也可以用一种界面来限定多个层次的空间（图 4.80～图 4.82）。在基础训练中，我们注重的应该是对空间形态的塑造，而不应把注意力仅仅放在限定空间的手段上。

2. 单一空间形式

单一空间是复杂组合空间的基本单元，是构成整体空间的基础，具有向心性、空间界

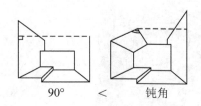

图 4.81　顶面夹角与限定度的关系

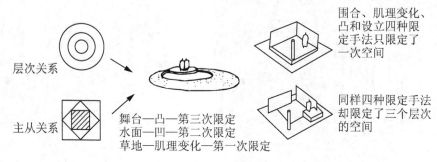

图 4.82　多次限定的空间

限较明晰等特点。

　　不同限定要素的量度和组织方式会直接影响所限定的单一空间的形态。单个空间的变化主要分三种形式：量度的变化、空间削减的变化和空间增加的变化。

　　1）量度的变化

　　量度包括长、宽、高的尺寸及它们之间的比例和尺度。

　　量度的变化对单个空间形式而言主要是通过改变一个或多个量度。根据不同的量度变化方式和程度，形式可以保持它原来的本性，或者变化成为其他形式（图 4.83）。例如，一个正方形空间，通过改变它的高度、宽度和长度，就可以将其变成其他棱柱形式，也可以被压缩成一个面的形式，或者被拉伸成线的形式。

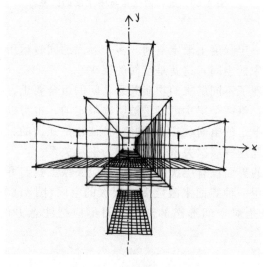

图 4.83　不同量度的空间

2）空间的削减

削减的变化主要是通过削减其部分体积的方法来对某一种单个空间形式进行变化。根据不同的削减程度，形式可以保持它原来的本性，或者变化为其他种类的形式。

建筑中的庭院就可以看作是在建筑整体内部削减空间，屋顶退台则是对空间形体进行体块削减（图 4.84 和图 4.85）。

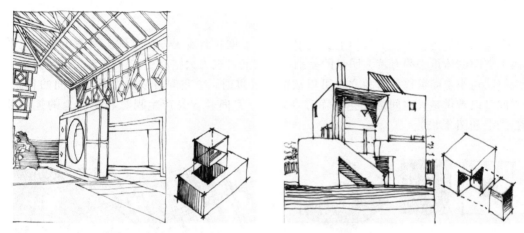

图 4.84　北京香山饭店中庭　　　　　图 4.85　美国纽约格瓦斯梅住宅

3）空间的增加

增加的变化主要是用增加空间要素的方式来改变空间的形式，这个增加的过程，将确定保持还是变化它原本的形式。通常增加顶界面是空间设计中常用的手法（图 4.86）。

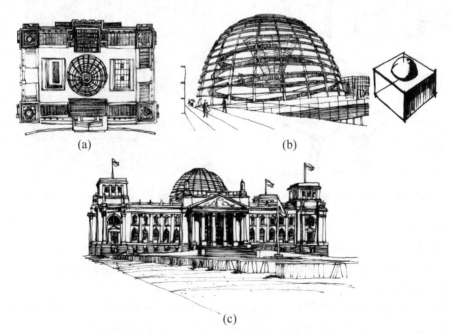

(a)　　　　　　　　　　(b)

(c)

图 4.86　德国柏林旧帝国议会大厦

单个空间的增加，还可以在其空间原形上按照需要添加其他空间，这些添加的部分仍属于这个空间，它们仍为一个整体。

　　3．二元空间的关系

　　在现实生活环境中，除了孤立存在的单一空间之外，更多的空间总是与它周围的空间发生着各种各样的关系。一般来说，空间之间的基本关系主要有包容、相邻、相离、相交等关系。

　　1）包容

　　空间之间的包容关系是指两个空间中有一个空间包含着另一个空间。呈现出包容关系的两个空间的体量必须有较为明显的差别。小空间可视为大空间中的一个点。包容关系中的大空间与小空间可以各自独立也可以彼此连续贯通，大空间可以看做是小空间的背景，小空间可以看做是大空间的子空间而存在，两个空间较容易产生视觉和空间上的连续性（图4.87和图4.88）。

图4.87　空间的包容关系

图4.88　意大利罗马千禧教堂

　　2）相邻

　　空间之间的邻接关系是指两个及以上空间相邻接触。这种空间关系允许各个空间根据各自功能或象征意图的需要，清晰地划定各自空间的范围。相邻空间之间关系的建立可借助分隔面的帮助。这个分隔面可以是横向、纵向或斜向的。

　　分隔面有不同的形式，使得具有邻接关系的空间氛围各不相同。有些分隔面使整体空间层次丰富，有些分隔面使空间之间的渗透性良好（图4.89和图4.90）。

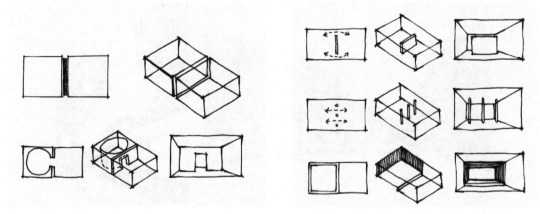

图 4.89　空间的相邻关系产生丰富的空间层次　　　　图 4.90　空间的相邻关系产生的渗透性

　　若以实体为主的面进行分隔，通过控制分隔面上孔洞的大小，可以使两个空间在视觉和空间上具有一定的连续性，呈邻接的状态，并且各自空间具有较好的独立性。又若以垂直线要素来进行分隔，可以使两个邻接的空间具有更大程度的视觉和空间上的连续性。当然，两个空间之间的通透程度与垂直线要素的形态、数量、位置有着密切的关系。再若两个空间的邻接不一定会存在分隔的实体面，也可以通过两个空间之间的高程、或空间界面表面处理的变化来暗示两个空间的邻接关系。

　　3）相离

　　空间之间的相离关系是指两个空间相互呈一定角度独立，彼此分离开来或相背离。两个空间之间看似没有直接的联系和关系，却正是因为两者的分离和空间形式上的相对而表现出一种冲突和紧张的状态，呈现出一种对峙的局面（图 4.91 和图 4.92）。

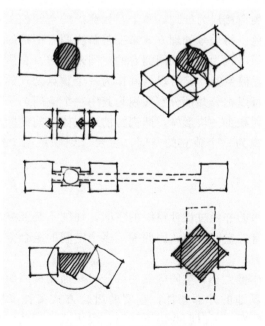

图 4.91　空间的相离关系

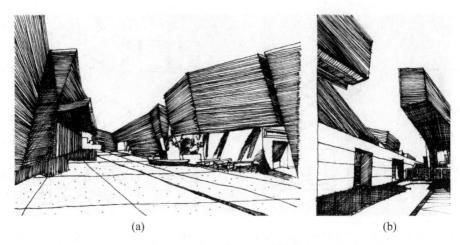

(a)                                                              (b)

图 4.92　美国钻石牧场高等学校

这种空间处理手法多用在一些纪念性的、特殊用途的建筑设计中，用来表达情感和观念上的分歧或是某种特殊的含义。

4）相交

空间之间的穿插关系是指两个空间有部分叠加或相交。当几何形式不同或方位不同的两个空间形式，彼此的边界互相碰撞和相互贯穿的时候，每个形体将争夺视觉上的优势和主导地位。两个空间之间的穿插关系具有叠加或相交两种状态。

叠加是指当两个空间穿插的部分较大，以至于分辨不出原来各自的空间特征。这时两种空间形式可能失掉它们各自的本性，合并到一起创造一种新的空间构图形式。相交是指两个空间的一部分重叠形成公共的部分，但两个空间又保持各自的界限和自身的完整性。

在这里，空间之间的衔接成为处理好两个互相穿插的空间的关键，不能过于生硬，可以通过轮廓、方位、颜色、材质等处理方式来妥善解决两者衔接的问题。

对于穿插部分的空间可视为两者共同拥有的空间来考虑。在进行具体设计时，既可以将其作为两者间的一个过渡空间，又可以将其作为一个重点处理的共享空间，而两个空间仍保持各自的形状；还可以把公共部分空间视为其中一个空间的子空间，这个空间成为主体空间，另外一个空间因缺少一块形体，即视为前述主体空间的附属空间，也可以是把穿插的公共部分空间本身视为一个独立的空间，主要起到联系两个空间的作用（图 4.93 和图 4.94）。

4. 多空间的组合

现实生活中人们使用的并经过设计组织的空间，往往不是孤立的单一空间，而是一种基于使用情况复杂而丰富的空间组合，因此探究多个空间的组合方式对空间设计具有十分重要的意义。

根据不同的功能、体量大小、空间等级的区分、交通路线组织、采光通风和景观的视野等设计要求和所处的场地的外部条件，空间的组合方式多种多样。多个空间的组合方式，从形态生成的角度来看，可以归为以下 6 类：集中式、线式、放射式、网格式、组团式和流动式。

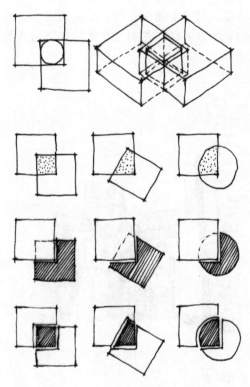

图 4.93 空间的相交关系

图 4.94 法国里尔某大学餐厅

1) 集中式组合

集中式组合是由一些次要空间和一个占据主导地位的中心空间所构成的空间组合方式,具有稳定的向心式构图(图 4.95)。

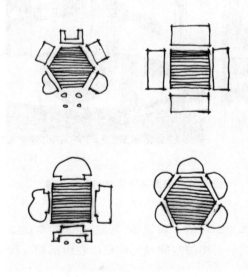

图 4.95 集中式组合方式

在集中式空间组合形式中，中心空间在空间构图上要占据完全的主导地位，在尺度与体量上要足够大，而其周围的次要空间既可以在功能、尺寸上完全相同，形成规则的、对称的总体造型；也可以互不相同，以适应各自的功能和重要性，并满足与周围环境结合的需求，形成不规则的、均衡的总体造型(图 4.96 和图 4.97)。

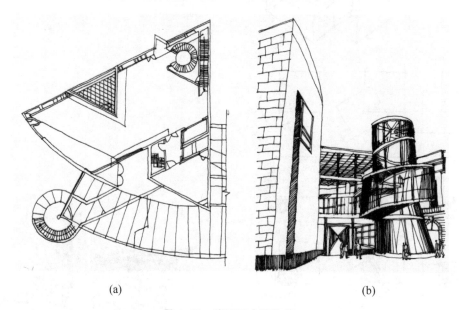

(a)　　　　　　　　　　　　(b)

图 4.96　德国历史博物馆

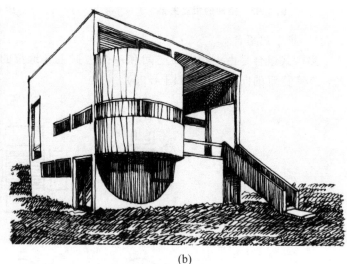

(a)　　　　　　　　　　　　(b)

图 4.97　美国马萨诸塞州库珀住宅

2）线式组合

线式组合是由若干个体量、性质、功能等相近或相同的空间单元，统一组成重复空间的线式序列的一种组合方式。其中的空间单元既可以在内部相互沟通，也可以采用单独的线式空间来联系(图 4.98)。

线式的空间组合方式具有运动感、延伸感、增长感等强烈的方向性特征。组合形式常

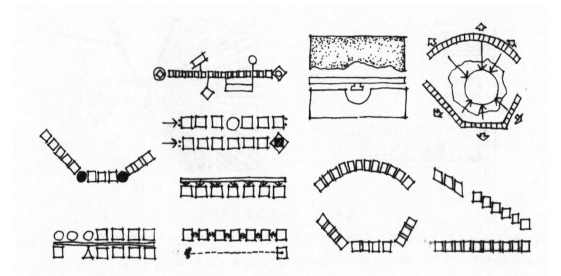

图 4.98　线式组合方式

常因环境和场地的变化而发生线式的变化，既可以是直线形，又可以是折线形、曲线形或圆环形等各种形态。另外，线式的空间组合方式可以在水平方向呈线形的延展，也可以在垂直方向或沿地形方向延展。

　　一般来说，直线形的空间组合会将大的环境分隔为性质相似的两个部分；曲线形和折线形的组合会在两侧产生两个不同的外部空间形式，即一个向内的空间和另一个向外的空间；圆环形的空间组合则产生一个集中向心的收敛空间，又可看做是以院落为中心的集中式组合（图 4.99 和图 4.100）。

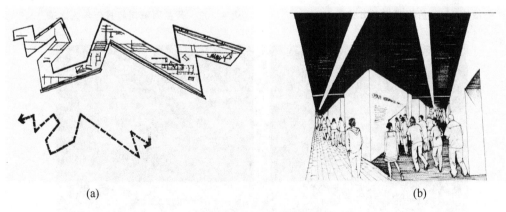

(a)　　　　　　　　　　　　　　　　　　　(b)

图 4.99　犹太人博物馆

3）放射式组合

　　放射式组合是一种由一个主导的中央空间和一系列向外放射扩展的线式组合空间所构成的空间组合方式。它兼具了集中式组合和线式组合的特点，具有良好的发散性和延展性，同时又不失中心空间（图 4.101）。

　　放射式的空间组合，其核心是一个具有象征性和功能性并在视觉上占主导地位的空

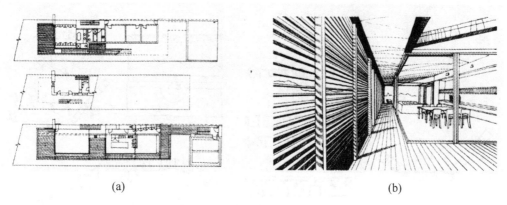

(a)            (b)

图 4.100   悉尼半独立式住宅

间，而其辐射出的各个部分，一般具有线式空间的特征，它们既可以是功能、大小、形状等相同或相似的空间，也可以是各不相同的空间（图 4.102 和图 4.103）。

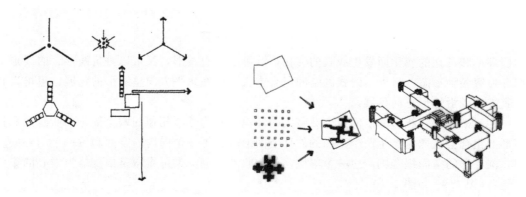

图 4.101   放射式组合方式          图 4.102   荷兰阿姆斯特丹老年人之家

图 4.103   法国巴黎的放射状城市空间

4）组团式组合

组团式组合是一种各个空间单元之间互相紧密连接，没有明显的主从关系的空间组合方式（图4.104）。

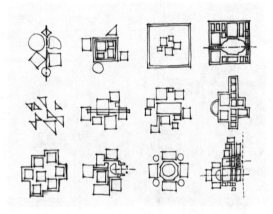

图4.104 组团式组合方式

组团式的空间组合拥有足够的灵活性和自由度，可以随时增加或减少其中某些单元空间而不影响其整体特点。通常可通过一些视觉上的手段（如对称、均衡等）共同构成一个大的空间组团，并在有序的整体环境中保持着单元空间适度的多样性。

组团式的空间组合可以由彼此接近且具有相似的视觉属性的形体组合而成，这些形体在视觉上可排成一个相互连贯、无等级的组合；也可以由彼此视觉属性不相同的形体组成，这时应注意彼此之间的相互关系，空间秩序应避免凌乱（图4.105、图4.106）。

图4.105 加拿大蒙特利尔集合住宅

5）网格式组合

网格式组合是一种通过三维网格来确定所有空间的关系和位置的空间组合方式。这种空间组合方式具有极强的规则性。网格可以是正方形、三角形、六边形或其他形状，局部网格也可以发生变化（图4.107）。

网格空间单元系列具有理性的秩序感和内在的联系，视觉上网格的存在有助于产生整体的统一感和节奏感。

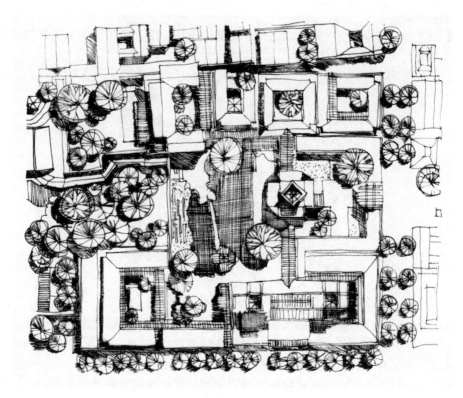

图 4.106　苏州博物馆

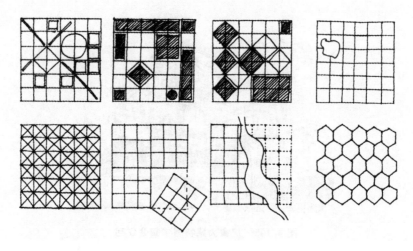

图 4.107　网格式组合方式

6）流动式组合

流动式组合方式通过灵活的划分来分隔和组织空间，众多空间重叠、共享、穿插，使得室内各部分之间、室内及室外之间的空间连绵不断地相互贯穿，既分隔又联系。在这种空间组合中，空间交接部分界限模糊不清，各空间之间既分又合，以达到视觉上的丰富变化和功能上的模糊性和多义性（图 4.108 和图 4.109）。

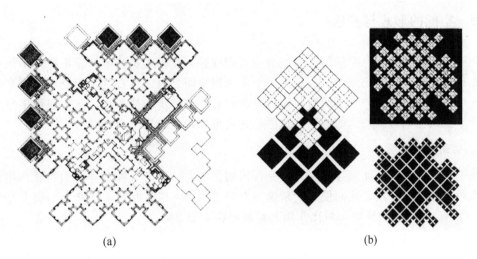

(a)                                         (b)

图 4.108    比希尔中心办公大楼

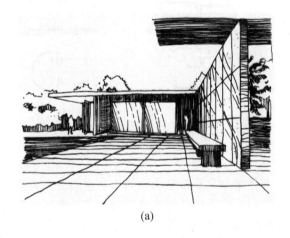

(a)

(b)                                         (c)

图 4.109    巴塞罗那博览会德国馆

### 4.2.3 空间的形式与表达

前一节主要分析单一空间形式和组合的处理问题。然而建筑艺术的感染力却不限于人们静止地处在某一个固定点上，或从某一个单一的空间之内来观赏它，而是可以贯穿于人们从连续行进的过程之中来感受它。这样，我们必须进一步研究两个、三个或更多空间组合中所涉及的空间形式表达的问题，这些问题也可以归纳成为 6 个方面。

#### 1. 空间的对比

两个相邻的空间，如果在某一方面呈现出明显的差异，借这种差异性的对比作用，将可以反衬出各自的特点，从而使人们从这一空间进入另一空间时产生情绪上的突变和快感（图 4.110）。空间的差异性和对比作用通常表现在 4 个方面。

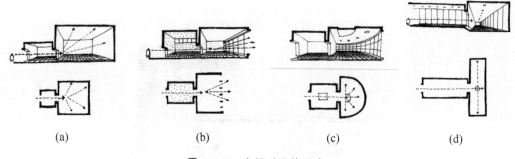

|           |           |           |           |
|:---------:|:---------:|:---------:|:---------:|
|    (a)    |    (b)    |    (c)    |    (d)    |

图 4.110 空间对比的形式

##### 1）高大与低矮

相邻的两个空间，若体量差异非常悬殊，当由小空间进入大空间时，可借体量对比而使人的精神为之一振。我国的古典园林中经常采用的"先抑后扬"的手法，实际上就是借用大小空间的强烈对比作用而获得小中见大的典型实例。其实，这种手法并不限于我国古典园林，古今中外各种类型的建筑，每每都可以借用大小空间的对比作用来突出主体空间。其中，最常见的形式是：在通往主体大空间的前部，有意识地设计一个极小或极低的空间，通过这种空间时，人们的视野被限制，产生一定的紧张感，当突然走进高大的主体空间时，视野会突然开阔，从而引起心理上的突变和情绪上的激动和振奋（图 4.111）。

##### 2）开敞与封闭

就室内空间而言，封闭的空间就是指不开窗或少开窗的空间，开敞的空间就是指多开窗或开大窗的空间。前一种空间一般较暗淡，与外界较隔绝；后一种空间较明朗，与外界的关系较密切。很明显，当人们从前一种空间走进后一种空间时，必然会因为强烈的对比作用而顿时感到豁然开朗（图 4.112）。

##### 3）不同形状

不同形状的空间之间也会形成对比作用，不过较前两种形式的对比，对于人们心理上的影响要小一些，但通过这种对比至少可以达到求得变化和破除单调的目的。然而，空间的形状往往与功能有着密切的联系，为此，必须利用功能的特点，并在功能允许的条件下适当地变换空间的形状，从而借相互之间的对比作用以求得变化。

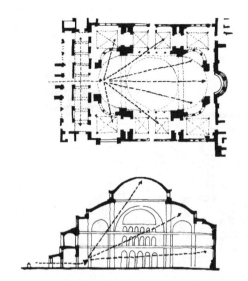

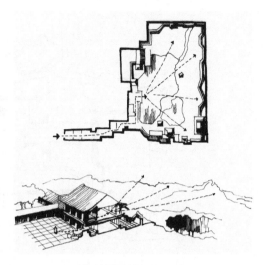

图 4.111 圣·索菲亚教堂高大与低矮空间的对比　　图 4.112 苏州留园封闭与开敞空间的对比

4）不同方向

建筑空间，出于功能和结构因素的制约，多呈矩形平面的长方体，若把这些长方体空间纵、横交替地组合在一起，常可借其方向的改变而产生对比作用，利用这种对比作用也有助于破除单调而求得变化。

2．空间的重复

在有机统一的整体中，对比固然可以打破单调以求得变化，作为它的对立面——重复——则可借谐调而求得统一，因而这两者都是不可缺少的因素。诚然，不适当的重复可能使人感到单调，但这并不意味着重复必然导致单调。在音乐中，通常都是借某个旋律的一再重复而成为主题，这不仅不会感到单调，反而有助于整个乐曲的和谐统一（图 4.113～图 4.115）。

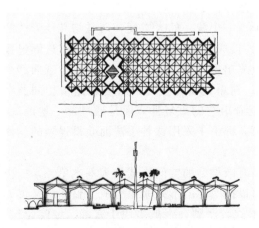

图 4.113 伊朗德黑兰航空站重复的结构单元　　图 4.114 墨西哥某市场相同的空间处理

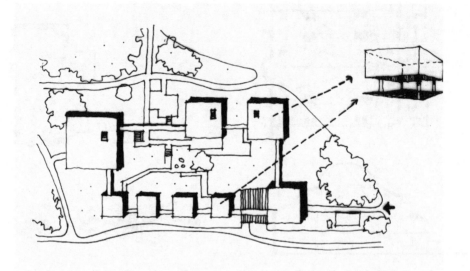

图 4.115　1958 年布鲁塞尔国际博览会西德馆平面由三种大小的正方形空间组成

建筑空间组合也是这样。只有把对比与重复这两种手法结合在一起而使之相辅相成，才能获得好的效果。例如对称的布局形式，凡对称都必然包含着对比和重复这两方面的因素。我国古代建筑家常把对称的格局称之为"排偶"。偶者，就是成双成对的意思，也就是两两重复地出现。西方古典建筑中某些对称形式的建筑平面，也明显地表现出这样的特点——沿中轴线方向排列的空间，使之变换形状或体量，借对比以求得变化；而沿中轴线两侧排列的空间，则相对应地重复出现，这样，从全局来看既有对比与变化，又有重复与再现，从而把两种互相对立的因素统一在一个整体之内。

同一种形式的空间，如果连续多次或有规律地重复出现，还可以形成一种韵律节奏感。高直教堂中央部分通廊就是由于不断重复地采用同一种形式——由尖拱拱肋结构屋顶所覆盖的长方形平面的空间，而获得极其优美的韵律感。现代国外一些公共建筑、工业建筑也出现一种有意识地选择同一种形式的空间作为基本单元，并以它作各种形式的排列组合，借大量地重复某种形式的空间以取得效果的趋势。

重复地运用同一种空间形式，但并非以此形成一个统一的大空间，而是与其他形式的空间互相交替、穿插地组合成为整体（如用廊子连接成整体），人们只有在行进的连续过程中，通过回忆才能感受到由于某一形式空间的重复出现，或重复与变化的交替出现而产生一种节奏感，这种现象可以称之为空间的再现。简单地讲，空间的再现就是指相同的空间，分散于各处或被分隔开来，人们不能一眼就看出它的重复性，而是通过逐一地展现，进而感受到它的重复性。近年来国外有很多建筑，都由于采用这种手法而获得强烈的韵律节奏感。

我国传统的建筑，其空间组合基本上就是借有限类型的空间形式作为基本单元，一再重复地使用，从而获得统一变化的效果。它既可以按对称的形式来组合成为整体，又可以按不对称的形式来组合成为整体。前一种组合形式较严整，一般多用于宫殿、寺院建筑；后一种组合形式较活泼而富有变化，多用于住宅和园林建筑。创造性地继承这一传统，必将能开阔思路，为当前的建筑创作实践服务。

### 3. 空间的过渡

两个大空间如果以简单化的方式直接连通，常常会使人感到很突然，致使人们从前一个空间走进后一个空间时，印象不深刻。倘若在两个大空间之间插进一个过渡性的空间（如过厅），它就能够像音乐中的休止符或语言文字中的标点符号一样，使之段落分明并具有抑扬顿挫的节奏感（图4.116和图4.117）。

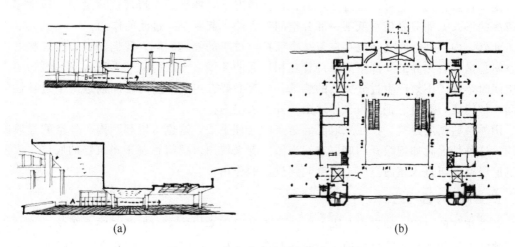

(a)                      (b)

图4.116 北京火车站的空间过渡处理

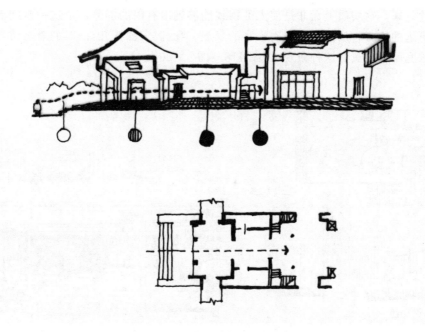

图4.117 中国美术馆的空间过渡处理

过渡性空间本身没有具体的功能要求，它应当尽可能地小一些、低一些、暗一些，只有这样，才能充分发挥它在空间处理上的作用，使得人们从一个大空间走到另一个大空间时必须经历由大到小，再由小到大；由高到低，再由低到高；由亮到暗，再由暗到亮等这样一系列过程，从而在人们的记忆中留下深刻的印象。过渡性空间的设置不可生硬，在多数情况下应当利用辅助性房间或楼梯、厕所等间隙把它们巧妙地设计进去，这样不仅节省面积，而且又可以通过它进入某些次要的房间，从而保证重要空间的完整性。

过渡性空间的设置必须看具体情况，并不是说凡是在两个大空间之间都必须插进一个过渡性的空间，那样，不仅会造成浪费，而且还可能使人感到烦琐和累赘。过渡性空间的形式是多种多样的。它可以是过厅，但在很多情况下，特别是在近现代建筑中，通常不处理成厅的形式，而只是借压低某一部分空间的方法，起到空间过渡的作用。

此外，内、外空间之间也存在着一个衔接与过渡的处理问题。我们知道，建筑物的内部空间总是和自然界的外部空间保持着互相连通的关系，当人们从外界进入到建筑物的内部空间时，为了不致产生过分突然的感觉，也有必要在内、外空间之间插进一个过渡性的空间，如门廊，通过它把人很自然地由室外引入室内。

国外某些高层建筑，往往采取底层透空的处理手法，这也可以起到内、外空间过渡的作用。这种情况犹如把敞开的底层空间当做门廊来使用。把门廊置于建筑物的底层，人们经过底层空间再进入室内空间，也会起到过渡的作用。

### 4. 空间的渗透

两个相邻的空间，如果在分隔的时候，不是采用实体的墙面把两者完全隔绝，而是有意识地使之互相连通，将可使两个空间彼此渗透，相互因借，从而增强空间的层次感。

中国古典园林建筑中"借景"的处理手法也是一种空间的渗透。"借"就是把彼处的景物引到此处来，这实质上无非是使人的视线能够越出有限的屏障，由这一空间而及于另一空间或更远的地方，从而获得层次丰富的景观。"庭院深深深几许？"的著名诗句，形容的正是中国庭园所独具的这种景观(图 4.118～图 4.120)。

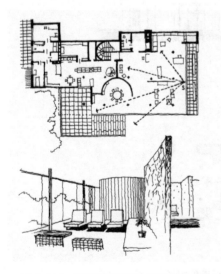

图 4.118 灵活分割空间的变化和层次

图 4.119 大面积玻璃空间的相互渗透

西方古典建筑，由于砖石结构的封闭性，利用空间渗透而获得丰富层次变化的实例并不多。

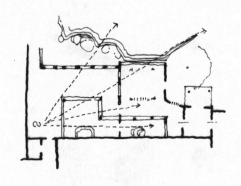

**图4.120 中国古典园林中的相互渗透**

西方近现代建筑由于技术、材料的发展，特别是由于框架结构体系的大量应用，为自由灵活地分隔空间提供了前提条件，凭借着这种条件西方近现代建筑从根本上改变了古典建筑空间组合的概念。空间自由分隔，各部分空间互相连通、贯穿、渗透，从而呈现出极其丰富的层次变化。所谓"流动空间"正是对这种空间所作的一种形象的概括。

5. 空间的引导

由于地形、功能等多种因素的限制，某些建筑可能会使某些比较重要的公共活动空间所处的地位不够明显、突出，以致不易被人们发现。另外，在设计过程中，也可能有意识地把某些"趣味中心"置于比较隐蔽的地方，而避免开门见山，一览无余。不论是属于哪一种情况，都需要采取措施对人流加以引导，从而使人们可以循着一定的途径而达到预定的目标。但是这种引导或暗示不同于路标，而是属于空间处理的范畴，处理得要自然、巧妙、含蓄，能够使人于不经意间沿着一定的方向或路线从一个空间依次地走向另一个空间（图4.121和图4.122）。

空间的引导，作为一种处理手法是依具体条件的不同，而千变万化的，但归纳起来不外有以下几种途径。

1）以弯曲的墙面把人流引向某个确定的方向，并暗示另一空间的存在

这种处理手法是以人的心理特点和人流自然地趋向于曲线形式为依据的。通常所说的

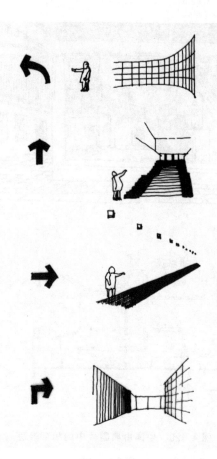

图 4.121 引导与暗示的处理方法

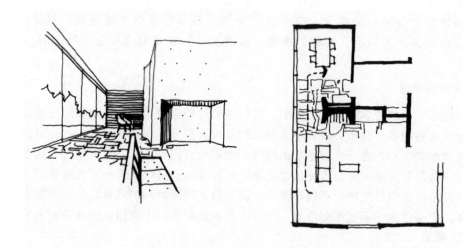

图 4.122 某住宅利用空间渗透暗示后部的餐厅空间的存在

"流线型"，就是指某种曲线或曲面的形式，它的特点是阻力小并富有运动感。面对着一条弯曲的墙面，将不期而然地产生一种期待感——希望沿着弯曲的方向而有所发现，而将不自觉地顺着弯曲的方向进行探索，于是便被引导至某个确定的目标。

2）利用特殊形式的楼梯或特意设置的踏步暗示出上一层空间的存在

楼梯、踏步通常都具有一种引人向上的诱惑力。某些特殊形式的楼梯——宽大、开敞的直跑楼梯、自动扶梯等，其引导力更为强烈。基于这一特点，凡是希望把人流由低处空间引导至高处空间，都可以借助于楼梯或踏步的设置而达到目标。

3）利用天花、地面处理暗示出前进的方向

通过天花或地面处理，而形成一种具有强烈方向性或连续性的图案，也会左右人前进的方向。

4）利用空间的灵活分隔暗示出另外一些空间的存在

只要不使人感到"山穷水尽"，人们便会抱有某种期望，而在期望的驱使下将可能进一步地探求。利用这种心理状态，有意识地使处于这一空间的人预感到另一空间的存在，则可以把人由一个空间而引导至另一空间。

当然，在实际设计工作中不能生搬硬套。这些途径既可以单独地使用，又可以互相配合起来共同发挥作用。

### 6. 空间的序列

前5点中探讨的问题具有相对的独立性和局限性，为摆脱局部性处理的局限，我们有必要探索一种统摄全局的空间处理手法——空间的序列组织与节奏。不言而喻，它不应当和前几种手法并列，而应当高出一筹，或者说是属于统筹、协调并支配前几种空间表达的形式。

与绘画、雕刻不同，建筑作为三度空间的实体，人们不能一眼就看到它的全部，而只有在运动中——也就是在连续行进的过程中，从一个空间走到另一个空间，才能逐一地看到它的各个部分，从而形成整体印象。由于运动是一个连续的过程，因而逐一展现出来的空间变化也将保持着连续的关系。从这里可以看出：人们在观赏建筑的时候，不仅涉及空间变化的因素，同时还要涉及时间变化的因素。组织空间序列的任务就是要把空间的排列和时间的先后这两种因素有机地统一起来。只有这样，才能使人不仅在静止的情况下能够获得良好的观赏效果，而且在运动的情况下也能获得良好的观赏效果，特别是当沿着一定的路线看完全过程后，能够使人感到既谐调一致又充满变化，且具有时起时伏的节奏感，从而留下完整、深刻的印象（图4.123）。

组织空间序列，首先应使沿主要人流路线逐一展开的一连串空间，能够像一曲悦耳动听的交响乐那样，既婉转悠扬，又具有鲜明的节奏感。其次，还要兼顾到其他人流路线的空间序列安排，后者虽然居于从属地位，但若处理得巧妙，将可起到烘托主要空间序列的作用，这两者的关系犹如多声部乐曲中的主旋律与和声伴奏，若能谐调一致，便可相得益彰。

沿主要人流路线逐一展开的空间序列必须有起有伏，有抑有扬，有一般、有重点、有高潮。这里特别需要强调的是高潮，一个有组织的空间序列，如果没有高潮必然显得松散而无中心，这样的序列将不足以引起人们情绪上的共鸣。高潮是怎样形成的呢？首先，就是要把体量高大的主体空间安排在突出的地位上。其次，还要运用空间对比的手法，以较小或较低的次要空间来烘托它、陪衬它，使它能够得到足够的突出，方能成为控制全局的高潮。

与高潮相对立的是空间的收束。在一条完整的空间序列中，既要放，也要收。只收不

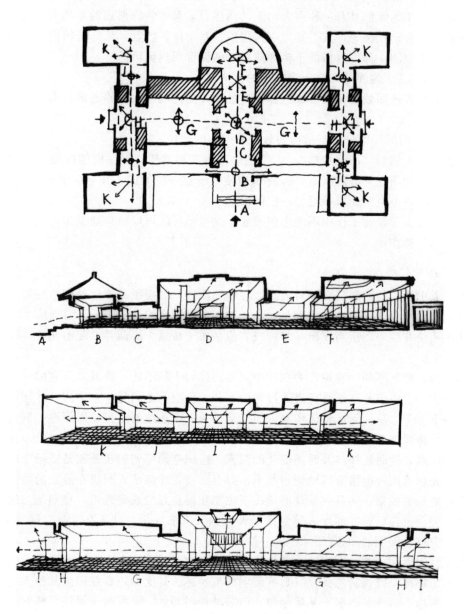

图 4.123　中国美术馆的空间序列

放势必会使人感到压抑、沉闷，但只放而不收也可能使人感到松散或空旷。收和放是相反相成的，没有极度的收束，即使把主体空间搞得再大，也不足以形成高潮。

　　沿主要人流必经的空间序列，应当是一个完整的连续过程——从进入建筑物开始，经过一系列主要、次要空间，最终离开建筑物。进入建筑物是序列的开始段，为了有一个好的开始，必须妥善地处理内外空间过渡的关系，只有这样，才能把人流由室外引导至室内，并使之既不感到突然，又不感到平淡无奇。出口是序列的终结段，也不应当草率地对待，否则就会使人感到虎头蛇尾，有始无终。

　　在一条连续变化的空间序列中，某一种形式空间的重复或再现，不仅可以形成一定的韵律感，而且对于陪衬主要空间和突出重点、高潮也是十分有利的。由重复而产生的韵律通常都具有明显的连续性。处在这样的空间中，人们常常会产生一种期待感。根据这个道理，如果在高潮之前，适当地以重复的形式来组织空间，它就可以为高潮做好铺垫。西方古典建筑，特别是教堂，其空间序列组织就是以这种方法使人惊叹不已的。

从以上的分析可以看出：空间序列组织实际上就是综合地运用各种空间处理手法，把个别的、独立的空间组织成为一个有秩序、有变化、统一完整的空间集群。这种空间集群可以分为两种类型：一类呈对称、规整的形式；另一类呈不对称、不规则的形式。前一种形式能给人以庄严、肃穆和率直的感受；后一种形式则比较轻松、活泼和富有情趣。不同类型的建筑，可按其功能性质特点和性格特征而分别选择不同类型的空间序列形式。

# 本 章 小 结

本章主要讲述建筑空间的基本要素和心理感受，空间的形式与尺度，空间的组合和表达。

本章的重点是建筑空间的尺度、建筑空间的组合和建筑空间的表达方式。

# 课 后 作 业

1. 运用点、线、面元素在 20 厘米×20 厘米×20 厘米的空间内进行设计，并观察空间的变化。

2. 运用底界面和垂直界面创造一个多层次空间。

3. 运用底界面、顶界面和垂直界面创造一个具有流动性的空间。

4. 测量身边的各种家具（如桌、椅、床……）和建筑构件（台阶、楼梯、栏杆……）的尺寸，认识人体尺度。

5. 运用空间表达的各种手法分析赖特的流水别墅。

# 第**5**章
## 建筑设计方案的产生与构思

**教学目标**

本章鼓励学生培养和发现自我的创造性思维，学会调动自身的形象思维和逻辑思维进行建筑方案的构思与创造，并初步建立方案构思过程中需合理进行取舍的设计意识。

**教学要求**

| 知识要点 | 能力要求 |
| --- | --- |
| 创造性思维与方案 | (1) 创造性思维的培养<br>(2) 创造性思维的应用 |
| 方案生成的逻辑策略 | (1) 通过建筑方案解决实际问题<br>(2) 建筑类型影响下的建筑方案 |
| 方案产生过程中的判定与取舍 | (1) 判定与取舍的衡量标准<br>(2) 判定与取舍的把握控制 |

 引言

建筑设计的核心源动力是建筑的方案构思，那么，方案是如何进行创作构思的？又是如何刺激我们的大脑产生建筑方案的？借助于哪些实际因素和要求能够行之有效地完成建筑方案的创作？本章将学习这部分内容，并介绍在众多的方案构思想法中如何进行判断与取舍。

建筑设计方案的创作是一系列复杂想法相互碰撞的头脑风暴（Brainstorming），如图 5.1 所示。作为刚刚接触方案设计这一概念的初学者来说，往往一个设计的产生或是源于灵光一现，或是拍脑袋得出的临时想法，在这些纯真的灵感中，有一些是在建筑从业者一生的创作中弥足珍贵的。德国心理学家和美学家马克思·德素这样描绘设计之初的状态："模糊和无序是这个阶段的特征，一切都是不确定的。创作者似乎已经从远处听到微微的声音，然而仍然不能推测这声音的含义，但他从微小的迹象中窥见了一种希望，一系列远景展现出来，就像梦幻世界那么广阔，那么丰富。"勒·柯布西耶关于自己的一般创作方法有下面一段叙述："一项任务定下来，我的习惯是把它存在脑子里，几个月一笔也不画。人的大脑有独立性，那是一个匣子，尽可能往里面大量存入同问题有关的资料信息，让其在里面游动、煨煮、发酵。然后，等到某一天，喀哒一下，内在的自然创造过程完成。你抓过一枝铅笔，一根炭条，一些彩色笔，在纸上画来画去，想法就出来了。"

在实际操作中，这段话可以理解为建筑设计方案产生与构思之前，要做许多前期准备

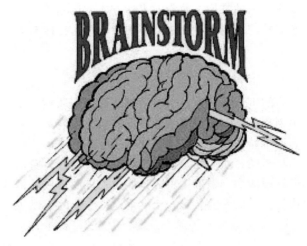

图 5.1 头脑风暴

及酝酿工作，这需要发散的创造性思维、需要系统及严谨的逻辑推理分析、需要合理的判断与取舍、更需要应用奏效的方式从设计者的脑海中呈现表达出来。经过这一系列的创作过程所产生出的方案概念或设计理念，是建筑设计的灵魂，更是推动一个建筑方案得以成立的鲜活源动力。

# 5.1 创造性思维与方案

无论是平面设计、服装设计、工业设计还是建筑设计，任何一项设计的诞生都与创造密不可分，而创造力是一种需要长期培养才可能具备的内在素质，它源于生活中点点滴滴的影像，又高于生活展现出更加丰富多彩的想象。爱因斯坦曾这样描述它："创造力等于以往的知识与想象的乘积。"

## 5.1.1 创造性思维的培养

每个人的创造能力不尽相同，有的人刚刚接触设计就可以天马行空，有的人穷思竭虑开始担忧以后的设计能否完成。实际上，每个人都潜藏着创造的能力，即潜在的创造力。它包括天赋、专业技能、创造技能和人格特征。当开始一项建筑设计时，积极地调动潜在的意识元素、激发创造力、培养创造性思维方式，是开始设计的重要准备之一。

1. 天赋

天赋，又称能力倾向（Ability Aptitude），主要指在学习某种事物之前，由遗传所决定的，对学习该种事物所具有的潜在的能力和热爱程度。在建筑设计中主要体现为：空间的图形化能力和逻辑思维能力。它主要是由先天决定，但也可通过后天的教育及训练获得。这种能力倾向将决定专业技能与技巧的掌握，直接影响建筑设计中个性化的风格特征。

2. 专业技能

专业技能是指通过专业训练培养出的能够完成一定专业任务的能力。建筑学要掌握的专业技能主要包括对专业知识的掌握、对专业表达方式的运用等。具体来说，即如何用专业的图示语言完成一套完整的建筑设计。更具体的专业表达技能与方式将在本书第8章中进行详细介绍。

### 3. 创造技能

创造技能是一般智力的创造性发挥，它包括创造性认知风格、工作风格、创造技能和方法的学习掌握。其中创造性认知风格是创造技能的核心内容，主要包括对于事物的感知阶段、提出设想阶段和评价阶段。由于每个人的认知风格不同，对于信息的收集、储存、调动、转化和输出也不尽相同，对于建筑设计来说，需要培养自身的观察能力、强化丰富的想象能力、训练构思绘图能力、锻炼逻辑分析能力，进而形成可掌控设计全局的综合能力。一位建筑学学生通过五年的专业教育，会继承这一专业的思维方式、塑造专业的认知风格。

拥有很好的天赋可以有助于设计的进行，但建筑创作是严谨的专业技能与丰富的创造技能相结合的结果，天赋的高低不是决定设计能力高低的唯一条件，经过刻苦的技能练习和创造性思维的培养同样可以拥有建筑设计的专业能力。

### 4. 人格特征

人格的基本特征是在遗传、成熟、环境、教育等先天及后天环境交互作用下形成的。不同的遗传、存在及教育环境，形成了各自独特的心理特点，如有的人开放自然，有的人顽固自守，有的人沉默寡言，有的人豪爽，有的人谨慎等。环境会使某一人格品质在不同人身上表现出不同的含义。各种人格结构的组合千变万化，因而使人格表现得色彩纷呈。在每个人的人格世界里，各种特征并非简单的堆积，而是如同宇宙世界一样，依据一定的内容、秩序与规则有机组合起来的动力系统。人格是一个人生活成败、喜怒哀乐的根源。正如人们常说的"性格决定命运"。人格决定了一个人的生活方式、做事态度以及建筑设计的风格特点。

美国加利福尼亚大学伯克利分校人格测量中心的麦金农(D. W. Mackinnon)测量了124位建筑师的创造性和他们对自我的看法。结果显示，最有创造性的那组建筑师更经常地把自己看成是能发明创造的、当机立断的、独立行事的、充满激情的、勤奋刻苦的、爱好艺术的、不因循守旧的和有鉴赏力的人。创造性人格的塑造，需要外因的引导，更需要在自身的实践中历练、参悟和升华。培养过程中要侧重于以下方面：①要热爱生活。体验生活中的美好事物，保持对于美的好奇心和表达美的愿望与能力。②要提高感知力。强化观察能力、训练注意力、强化敏感性，即对问题和缺陷的敏感，对不同文化价值的敏感、对散落无序的事物中隐含的有序信息的敏感。③要增强幽默感。解除对待问题的固有观念，打破惯性思维定势，不循规蹈矩，培养浪漫精神和宽容的态度，客观接纳不同的文化和价值观，培养兼容多种思维方式的能力。④倡导独立个性。在认知及判断上建立自我的独立见解，不人云亦云，培养坚韧的意志敢于尝试。

在创造力形成的这四种因素中，能力倾向和人格特质是更潜在、更本质的，专业技能和创造技能是更外显的；能力倾向影响专业技能，个性特征决定创造技能。所以在建筑设计中创造能力综合体现为专业技能和创造技能在建筑设计中的运用。

## 5.1.2　创造性思维的应用

从传统意义上来归纳人的思维模式，一般将其分为逻辑思维和形象思维，每个人成长的影响因素不同，最终形成的思维倾向性和思维方式也不尽相同。通常来说，善于文字书写、色彩搭配等的人，善于用形象思维来思考问题；与之相对应，数字、推理、秩序等掌握比较好的人，善于运用逻辑思维来思考问题。而在建筑设计当中，要求逻辑思维与形象思维相结合，并进行合理的发散与收敛，它体现了一个人设计思维的灵活与缜密。建筑创作中最能体现设计思想的就是立意，通过形象思维发展出来的设计立意可以归纳为具象主观立意，而通过逻辑思维发展出的设计立意可以划归到哲理客观立意。

### 1. 效仿自然获得的创造力

建筑效仿自然进行方案生成是指建筑形式对植物、动物、人等自然界一切事物的仿生，是对建筑产生一系列联想和类比的手法，也称为仿生建筑。通过这种方式不仅可以获得新颖的建筑造型，而且往往也为发挥新结构体系的作用创造出非凡的效果。需要强调的是，这种手法需要结合建筑的功能及环境，才能合时宜地达到创造效果，切勿空做造型。

最早效仿自然界动物形式的近代建筑师是西班牙建筑师高迪（Antonio Gaudi），他在巴塞罗那设计了许多带有明显动物骨骼形式的公寓建筑，隐喻这座海滨城市战胜蛟龙的古老传说，1904—1906 年建造的巴特洛公寓和 1910 年建的米拉公寓（图 5.2）皆是如此。

米拉公寓波浪形的外观，是由白色的石材砌出的外墙，扭曲回绕的铁条和铁板构成的阳台栏杆（图 5.3）和宽大的窗户组成的，可让人发挥想象力，有人觉得它像非洲原住民在陡峭的悬崖所建造的类似洞穴的住所，有人觉得像海浪，有人觉得像退潮后的沙滩，有人觉得像蜂窝的组织，有人觉得像熔岩构成的波浪，有人觉得像蛇窟，有人觉得像沙丘，有人觉得像寄生虫巢穴等。米拉公寓屋顶高低错落，而整栋建筑如波涛汹涌的海面，极富动感。屋顶是奇形怪状突然物做成的烟囱和通风管道。高迪认为："直线属于人类，而曲线归于上帝。"该建筑无一处是直角，这也是高迪作品的最大特色，米拉公寓里里外外都显得非常怪异，甚至有些荒诞不经，而它仍然被许多人认为是所有现代建筑中最具代表性的，也是最有独创性的建筑，是 20 世纪世界上最重要的建筑之一。

图 5.2　米拉公寓主立面

图 5.3　米拉公寓阳台细部

埃罗·沙里宁(Eero Saarinen)于1958年所设计的美国耶鲁大学冰球馆,也唤作鲸鱼(The Whale)。它形如海龟,建筑的屋顶是由正中一条形如弓背,跨度长达85米的钢筋混凝土曲线脊梁(图5.4)。从脊梁向两边拉着悬索屋顶,形成了跨距达57米,面积为5000平方米的空间,场内可容纳3000名观众。冰球馆的出入口朝南,两侧还有6个较小的出入口、骤然看去,它好似一条张开口的大鲸鱼,又似伏身于地的海龟,造型奇特新颖,曲线流畅。在整个建筑中,室内外朴素简洁,悬索结构自然地外露,不加任何修饰,其本身的结构就是最好的装饰。室内悬挂的一些纤维挂件——彩旗,既起到了使音响效果扩散与漫射的作用,也活跃了室内气氛。耶鲁大学冰球馆是一幢建筑,也是一座运用现代材料和技术搭起来的帐篷,具有丰富的想象力。

图5.4 美国耶鲁大学冰球馆

沙里宁最令人惊奇的作品是纽约肯尼迪机场的美国环球航空公司候机楼(TWA Flight Center),其建筑外形像展翅的大鸟,动势很强(图5.5);屋顶由四块钢筋混凝土壳体组合而成,几片壳体只在几个点相连,空隙处布置天窗,楼内的空间富于变化。

图5.5 纽约肯尼迪机场的美国环球航空公司候机楼

萨巴(Fariburz Sahba)设计,1986年在印度德里建成的灵曦堂,又称莲花寺(Lotus Temple)。该建筑基于莲花在佛教中的神圣意象,以一朵莲花的造型表达了圣洁与优美的形象,成为该地区重要的标志性建筑(图5.6~图5.9)。

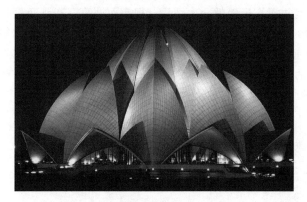

图5.6 莲花寺(Lotus Temple)外观

图5.7 莲花寺穹顶

图5.8 莲花寺内部空间

图5.9 莲花寺空间结构模型

芬兰著名建筑师阿尔托设计的德国不莱梅的高层公寓(1958—1962年)的平面就是仿自蝴蝶的原型(图5.10),他把建筑的服务部分与卧室部分比作蝶身与翅膀,不仅造成内部空间布局新颖,而且也使建筑的造型变得更为丰富(图5.11)。

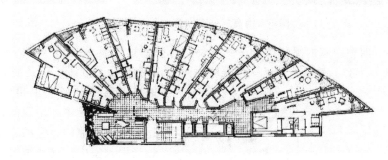

图5.10 以蝴蝶为原型的德国不莱梅高层公寓标准层平面图

2. 效仿人获得的创造力

在众多经典案例当中我们不难发现,建筑除了适宜地对于动物与植物进行效仿外,还有以人为构思蓝本进行创作的设计。这如同文学作品当中有拟人化的修辞手法,建筑设计当中也可将静态凝固的建筑物生动地进行人物化的表达。

朗香教堂（图 5.12）作为人物化的建筑代表杰作，于 1950—1953 年由法国建筑大师勒·柯布西耶设计建造完成。在接手方案并深入当地教会生活后，柯布西耶第一次到布勒芒山（Hill of Bourlemont）现场时，就已经形成了创作想法，他要把朗香教堂建成一个"视觉领域的听觉器件"，"它应该像人的听觉器官一样的柔软、微妙、精确和不容改变"。第一次到现场时，勒氏也在山头上画了些极简单的速写，记下他对那个场所的认识。他写下了这样的词句："朗香与场所连成一气，置身于场所之中，它在对场所修辞，对场所说话。"

图 5.11　德国不莱梅高层公寓外观

图 5.12　朗香教堂

朗香教堂的屋顶像是一个很大的耳朵，这个耳朵冲着天空，仿佛在聆听上帝的教诲（图 5.13）。教堂采用了一种雕塑化而且奇特的设计方法。正是因其平面具有超现实的功能，以致在造型上也相应获得了奇异神秘的效果。同时，墙体和屋顶的连接并不是无缝的，而是有一定间隙的，它的三个弧形塔，把屋顶的自然光引入室内，这些做法使室内产生非常奇特的光线效果，由此生成了一种神秘感（图 5.14）。它以一种奇特的扭曲的造型隐喻超常的精神，教堂要求简单，造价不高，是一个表意性建筑。虽然朗香教堂的设计别具一格，但柯布西耶最让人叹服的是，即便是这样一种自由形态的设计，也不会给人以丝毫亵渎的情感，柯布西耶把他的浪漫

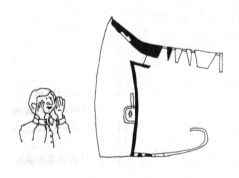

图 5.13　建筑拟人化的表达形式

主义恰如其分地展现給世人，而这种度的把握，也源于他对传统的强烈信仰和崇敬，因为教堂永远都是神圣的。他的设计好像是从一个孩子的眼里看教堂，他把教堂童话了，而童话本身是永远都不会背离"真善美"这个主题的，就像教堂的神圣一样。柯布西耶的伟大或许就在于此，他永远给人以意想不到的建筑设计。然而，虽然他摆脱了复古主义的建筑风格是束缚，但流淌于他思想中的浪漫主义的风格却一直都没有摆脱理性主义的束缚。

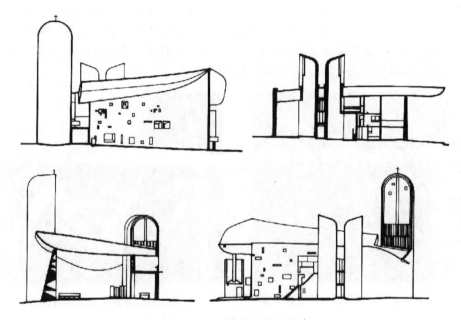

图 5.14 朗香教堂的立面

建筑除了可以在精神世界中拟人化以外，还可以在形式结构上追求栩栩如生的人物化。古往今来随着建筑材料的日益更新，建筑技术的不断提升，建筑已经不仅仅停留在应用人物雕塑来作为建构组成的阶段，在今天的现代建筑中，设计者往往采用更加丰富多彩的拟人手法将建筑抽象人物化(图 5.15)。这其中最具代表性的人物是西班牙著名建筑师圣地亚哥·卡拉特拉瓦(Santiago Calatrava)。他的设计方案，或者说他在自然中所作的画，

图 5.15 伊瑞克提翁神庙人像柱

其灵感来自于生物体，尤其来自于人体骨架的结构受力特点以及活动与生长方式。从他的方案草图中，我们可以感受到他从人体的特技动作与舞蹈者克服重力的姿势中获得了丰富灵感，他通过捕捉形变，将其加入到建筑创作当中(图 5.16)。

里昂机场高铁车站是卡拉特拉瓦从桥梁设计扩展到建筑设计的开端，他在建筑上的想象力和创造力透过此作品第一次得以全面展现。火车站由中间钢结构车站大厅和自大厅下方横穿的混凝土结构站台组成，并在大厅尾部用一条 180 米长的走廊与里昂机场相连，两侧的站台总长 450 米，宽 56 米。站台的设计中，支撑的柱廊没有采用常规柱排列，而是将人体的结构当作为建筑构建受力方式的原型，一个个柱子抽象成人物，手牵手支撑起站台屋顶，既生动又形象，受力方式一目了然(图 5.17)。

图 5.16　法国里昂机场高铁车站方案草图

图 5.17　法国里昂机场高铁车站

HSB 旋转中心(图 5.18)是卡拉特拉瓦设计的瑞典马尔默的地标性建筑物，2005 年竣工之时是瑞典及北欧最高的建筑物，也是欧洲第二高的大厦。它是一幢 190 米高，54 层的摩天住宅大厦。它的设计源于一个名为"扭躯干"(Twisting Torso)的白色大理石片雕塑，并由卡拉特拉瓦于 1999 年模仿扭曲的人形制作(图 5.19)。

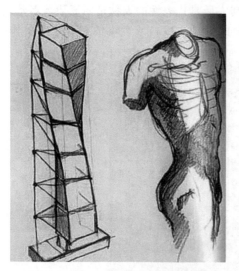

图 5.18　瑞典 HSB 旋转中心方案草图

图 5.19　瑞典 HSB 旋转中心

3. 打破思维定势获得的创造力

人们对于生活中常识性的事物会有自己的理解和认知，建筑是生活必不可少的一部分，因此，每个人对建筑空间的认识都有不同的固有印象，从以往的经验来看，固有的思维模式容易引导建筑设计发展的方向。比如，题目是设计某中学教学楼，我们往往首先会陷入自己以往学校的场景之中，设计时会不由自主地在教室空间组织、走道连接形式甚至人流进出的方式中流露出曾经学校的影子。而一旦意识到这一点，就是打破固有思维模式的开始，经验带给我们的空间与人体尺度的关系固然重要，但不同的建筑所处不同的环境，不同的思考角度会带来具有突破性的创造。

柏林爱乐厅的设计即是打破定势、具有创新性的典范。建筑的外观有点像帐篷（图 5.20 和图 5.21），五角特殊造型及橘黄色调，后来也成为乐团的识别标志。建筑的内部空间也不同于以往任何音乐厅中观演区与观众席的前后布置（图 5.22），在视野效果上，舞台位于正中央，观众席围绕在四周，无论对表演者还是观赏者来说，都塑造出一种奇特的氛围。另外，建筑师企图透过设计对演奏进行重新的诠释，打破表演者与听众之间的界线，因此，演奏厅设计为多面形体，音响效果经过缜密设计，每个座位听来几乎都一样好，就算在最后一排，依旧可辨认出每个音色的细节。同时，有许多艺术作品巧妙地安排于各个角落，阳光透过不同颜色的镶嵌玻璃映照在挑高空间中，带来奇特的氛围。柏林爱乐厅在世界上的音乐演出场地中，有许多的创举，是音乐厅设计中的里程碑，其中一项便是环型的观众席，将演出舞台放在音乐厅的中间，音乐厅所有的座位，分成一小块一小块区域。以往所有的音乐厅，都以舞台为重心，摆在前方，所有的观众面对演出者，而呈现长方形或椭圆形。但建筑师夏隆希望音乐来自整个厅的中间，这么做的好处是：不论观众所买票价高低，没有一个座位距离舞台超过 35 米。而在垂直层面来说，屋顶也不是用挑高四层楼这种做法。身处在这栋建筑里的第一个感觉是自在，建筑师不希望使人感到渺小，一如过去威权时代喜好的高大建筑，总让人在其中感到手足无措。往后多年，世界各地新建音乐厅的设计，建筑师们不少人以柏林爱乐的一些设计为蓝本去构筑新的聆听环境，因此柏林爱乐厅对现代的音乐演出场馆的发展，也有标志性的意义。舞台区在音响学的设计上，也创造性地在天花板上垂下来几块协助声音扩散的反射板，座椅的设计也有特殊的目标，在彩排的时候与坐满人时的残响相当接近，因此彩排时演奏者就可以得知正式

图 5.20　柏林爱乐厅模型

演出时的声音状况。从舞台往前看，观众席最后面的形状，很像倒着看船首。而天花板上的照明，也有星空的效果。柏林爱乐的标记是三个五边形，这三个五边形互相交叠，分别代表着音乐、空间、人。这三个理念不仅是不能分开的，也确实在他们设计音乐厅的过程中，实实在在的表现出来了，这个尊重人的精神与现代的德国十分契合。认识柏林爱乐，确实应该要认识这个音乐厅以及它的设计理念，建筑与音乐都是来自于人的生活，任何的艺术形式都不能与人的生活分开。

图 5.21　柏林爱乐厅外观

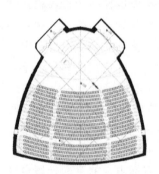

(a) 一般音乐厅平面图

(c) 一般音乐厅的观众席

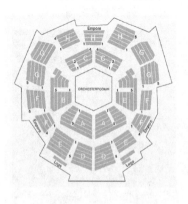

(b) 柏林爱乐厅平面图

(d) 柏林爱乐厅的观众席

图 5.22　一般音乐厅(上)与柏林爱乐厅(下)对比图

4. 经典案例启发出的创造力

在接到设计任务后，要经历查阅规范和资料的过程，这期间会欣赏到很多前辈的成功案例，在顶礼膜拜的同时，初学者很容易对某些作品感兴趣，并开始潜移默化地模仿。这种开始设计的方式并不是简单的抄袭，在模仿的过程中需要通过自己的感悟提炼出前辈的设计理念，进而转化创造并为自己的方案吸收所用。这种从欣赏到提炼到吸收再到应用的过程，是初学者发挥创造力开始设计的常见方式，也是建筑不断前行发展的巨大推动力。

前文我们提到西班牙建筑师卡拉特拉瓦在瑞典设计了著名的扭转大楼 HSB 旋转中心（图 5.19）。以此为设计原型，2013 年总高 310 米、共 73 层的"卡延塔"在阿联酋迪拜落成，这座摩天大厦外观新颖别致，最大特点是更具创意地实现了楼体 90 度扭曲旋转，堪称全世界"最高最拧巴"的大厦（图 5.23）。而这对于"楼体扭转"设计理念的创新仅仅是一个开始，2013 年 8 月意大利佛罗伦萨的戴维·费希尔博士设计出有独立楼层并能围绕混凝土中心 360 度旋转的四维"动态高楼"，所谓四维是指在空间三维的基础上加入了时间维度，建筑拥有在不同速度下旋转的独立楼层，每隔 90 分钟每层上的公寓围绕着混凝土中心进行旋转。每幢"动态高楼"还可以利用风力和太阳能为自身提供电力。这样的大楼不仅可以让人们观赏风景，而且还可以使这些风景每一个半小时就进行变换（图 5.24）。

图 5.23 卡延塔与周边建筑

图 5.24 四维"动态高楼"

由经典案例启发的优秀设计不胜枚举，探究大师及前辈设计理念的脚步也从未停止，关键在领会前人设计精髓创作自我设计时，要源于模仿并发挥创造力高于模仿，这才可能学以致用并有所突破。

# 5.2 方案生成的逻辑策略

设计思维的主要模式除了发散性想象创造以外，还有逻辑推理思维模式。对于方案生成而言，无论是白纸上生成方案，还是平地上竖立建筑，都不能一蹴而就，这是一个集合以上两种设计思维模式来解决问题的复杂过程，而发现问题的存在、寻找解决问题的途径、判别解决方法的优劣，则更倾向于理性的逻辑思维模式。虽然与建筑方案相关的问题复杂繁多，相应解决的方法也不尽相同，但对于初学者而言，可运用如下易掌握有规律可循的方案生成方式与策略进行尝试。

## 5.2.1 通过建筑方案解决实际问题

发现问题是设计前期准备的首要任务，这一环节的主要内容即尽可能地收集与方案相关的一切信息，从中发现方案在使用功能、待建环境、空间形态等方面需要解决的问题，搜集到的信息越丰富，越有利于方案设计的开展。

首先，可以接触到的直接信息来源是设计任务书，在校期间课程设计任务书中一般包括设计方案的功能目的、环境条件、面积体量及设计的图纸要求等，某设计课程任务书，见表5-1；在实际工程项目中，设计任务书作为指导性文件会表明工程项目立项依据、规划要求、设计参数及投资造价等系列实际问题，某设计工程项目委托书，见表5-2。此外，设计者应做好沟通工作，咨询甲方业主(课程设计中老师)，领会其设计意图。

其次，结合任务书所给信息进行实地调研。这一部分工作可以通过踏勘现场、调查研究、阅读文献、整理影像地图等方式展开，通过这样详尽的了解，可以帮助设计者系统地整理出已知条件，沿着这些已知的信息脉络归纳总结出亟待解决的问题，即拟建建筑存在的目的和价值。

著名的华裔建筑师贝聿铭在接受美国国家美术馆的扩建项目时，就曾遇到很多棘手的问题：第一，待建地块为3.64公顷的梯形地段，东望国会大厦，南临林荫广场，北面斜靠宾夕法尼亚大道，西隔100余米正对西馆东翼。周围是华盛顿古典风格的重要公共纪念性建筑。建筑一方面要适应城市规划的要求，另一方面又要在体型外观方面不能影响周边重要的建筑物。第二，美国国家美术馆由建筑师约翰·卢梭·派普(John Russell Pope)所设计，贝氏待设计的东馆为原有西馆的扩建部分，新老建筑要达到空间上的和谐统一。第三，甲方业主又提出许多特殊要求，展览馆美术馆馆长J.C.布朗认为欧美一些美术馆过于庄严，类若神殿，使人望而生畏；还有一些美术馆过于崇尚空间的灵活性，往往使人疲乏、厌倦。因此，他要求东馆应该有一种亲切宜人的气氛和宾至如归的感觉，安放艺术品的应该是"房子"而不是"殿堂"，要使观众来此如同在家里安闲自在地观赏家藏珍品。他还认为建筑应该有个中心，提供一种方向感。

贝聿铭综合考虑了这些因素，妥善地解决了各种复杂而困难的设计问题。首先，在被城市道路限定的梯形地块中，贝聿铭用一条对角线把梯形分成两个三角形。西北部面积较大，是等腰三角形，底边朝西馆，以这部分作展览馆。三个角上突起断面为平行四边形的

表 5-1 某设计课程任务书

一、设计目的

由市政府出资兴建一座区级文体中心，以改变经济高速发展的同时群众文化生活水平相对落后和文化活动场地相对匮乏的局面，适应物质文明和精神文明同步发展的要求。

二、设计要求

1. 建筑面积约 16500 平方米，上下浮动 10%。

2. 建筑主体结构形式要求采用大跨结构，局部可用框架结构。

3. 文化馆应具有当地传统文化特征及亲民性特征，建筑风格符合文化建筑特征。

4. 建筑应结合场地地形、地貌、城市道路等城市环境因素合理组织建筑外部空间，满足消防、集散、群众室外活动、停车场等的使用要求。

5. 建筑要求功能组织合理、空间流线顺畅、交通方便、管理便捷。

6. 应满足有关建筑设计规范、无障碍设计及防火规范要求。

三、设计依据

1. 建设行政主管部门的条件和要求。

2.《建筑设计防火规范》(GB 50016—2006)。

3.《民用建筑设计通则》(GB 50352—2005)。

4.《剧场建筑设计规范》(JGJ 57—2000)。

5.《体育建筑设计规范》(JGJ 31—2003)。

6.《城市道路和建筑物无障碍设计规范》(JGJ 50—2001)。

四、建筑主要功能

1. 展览部分(150 平方米)：综合展厅(500 平方米)、小展厅(300 平方米)、制作室、准备室、贮藏室。

2. 影剧院部分(4200 平方米)：

(1) 观众厅部分：前厅(包括售票)、休息厅(商店、厕所、管理)、技术用房(包括放映、声控、灯控)、观众厅(800 座)。

(2) 舞台部分：主台、侧台(灯光、效果、道具、抢装)、后舞台。

(3) 演出准备部分：化妆、服装、道具、办公室、排练厅(200 平方米)、厕所。

3. 游泳馆部分(4000 平方米)：

(1) 泳池部分(3000 平方米)：设置 50 米标准泳道 8 道，戏水池一个。

(2) 辅助部分(1000 平方米)：包括男女更衣室、门厅、卫生间等。

4. 行政管理：馆长室、接待室、办公室(10 个)、小会议室。

5. 餐饮：快餐(100 人)、水吧、食堂(60 人)及厨房。

6. 设备用房：消防控制室、弱电室、强电配电室、生活泵房及水箱、仓库及相应的值班室，室内不考虑消防泵房及消防水池。

7. 车库：停车位 4 个，室外停车位按相关规范确定。

8. 可根据情况增加部分商业用房，如书店、书画店、乐器行等。

五、设计成果

1. 总平面图 1∶500。

2. 各层平面图 1∶200(一层平面图布置环境)。

3. 立面图 1∶200(需表现邻街、邻水主要立面)。

4. 剖面图 1∶200。

5. 透视图。

6. 表达设计构思的图解和文字说明。

7. 经济技术指标。

注：图纸格式为 A1 幅面，不少于 2 张，表达方式不限。

表 5-2　某设计工程项目委托书

| 工程名称 | ×××住宅安置小区 | | 建设单位 | ×××房地产开发公司 | |
|---|---|---|---|---|---|
| 建筑面积 | 56 万平方米 | 层高 | 建筑层数 | 11～18 层 | 总高 |
| 结构形式 | 剪力墙 | | 建筑投资 | 专业 | 建筑 |
| 主要功能要求 | | | 主要造型及建筑风格要求 | | |

| 主要功能要求 | 主要造型及建筑风格要求 |
|---|---|
| 1. 使用功能见附方案平面图<br>2. 层高：住宅 2.9 米。商场一层 4.5 米，二层 4.5 米。商业网点一层 3.9 米，二层 3.6 米<br>3. 主体砌筑材料<br>　（1）外墙为：200 厚 B600 加气混凝土砌块<br>　（2）内墙为：200/100 厚 B600 加气混凝土砌块<br>4. 外保温材料（根据节能报告计算调整）<br>100 厚 B1 级聚苯乙烯板（EPS）保温。做防火隔离带<br>5. 设备用房高度<br>2.15 米，不做半地下室及下沉式花园<br>6. 住宅电梯下到地下室，下一部，为担架梯 | 以确认效果图为准<br><br>主要装饰材料要求<br>1. 外墙面<br>仿石材真石漆涂料（颜色见效果图）<br>2. 内墙面<br>　（1）电梯口、门厅口：干挂理石<br>　（2）卫生间、厨房：水泥砂浆<br>　（3）楼梯间、电梯前室、门厅：抹灰刮大白两遍<br>　（4）其他：混合砂浆<br>3. 天棚<br>　（1）楼梯间、门厅、电梯前室：刮大白两遍<br>　（2）其他：刮素水泥浆<br>4. 楼地面<br>　（1）门厅、电梯前室：磨光花岗岩<br>　（2）楼梯间：一至二层地砖，其余楼层细石混凝土<br>5. 门窗<br>　（1）单元入口门第一道：白钢玻璃门。第二道：电控白钢对讲门。分户门：甲级防火门<br>　（2）窗：单框三玻塑钢窗<br>　（3）门窗框颜色：外咖啡色，内白色<br>6. 雨水采用内排水，雨水管采用 UPVC 管<br>7. 室外台阶、坡道面层为花岗岩<br>8. 踢脚线<br>　（1）门厅、电梯前室：理石踢脚<br>　（2）其他：水泥砂浆暗踢脚<br>9. 其他<br>　（1）屋面保温层以建筑节能计算报告为准，防水为高分子防水卷材。细石混凝土保护层<br>　（2）有空调板，北向不做空调板<br>　（3）楼梯栏杆：木扶手，铁艺栏杆<br>　（4）楼梯间窗台板：水泥砂浆 |

| 建设单位（章） | | 设计院 | ×××建筑设计院 | |
|---|---|---|---|---|
| 联系人 | 电话： | 联系人 | 电话： | |

四棱柱体。东南部是直角三角形，为研究中心和行政管理机构用房。对角线上筑实墙，两部分只在第四层相通。这种划分使两大部分在体形上有明显的区别，但整个建筑又不失为一个整体（图 5.25 和图 5.26）。

展览馆和研究中心的入口都安排在西面一个长方形凹框中，展览馆入口宽阔醒目，它的中轴线在西馆的东西轴线的延长线上，加强了两者的联系。研究中心的入口偏处一隅，

图 5.25　美国国家美术馆东馆鸟瞰

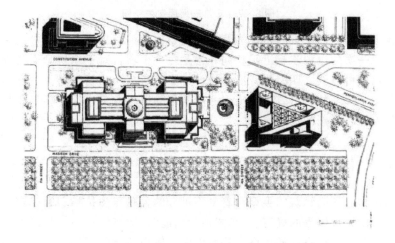

图 5.26　美国国家美术馆西馆与东馆总平面图

不引人注目。划分这两个入口的是一个棱边朝外的三棱柱体，浅浅的棱线，清晰的阴影，使两个入口既分又合，整个立面既对称又不完全对称。使得建筑完美地融入到周边环境当中。

东西馆之间的小广场铺花岗石地面，与南北两边的交通干道区分开来。广场中央布置喷泉、水幕，还有五个大小不一的三棱锥体，既是建筑小品，也是广场地下餐厅借以采光的天窗。广场上的水幕、喷泉跌落而下，形成瀑布景色，日光倾泻，水声汩汩。观众沿地下通道自西馆来，可在此小憩，再乘自动步道到东馆大厅的底层。这种建筑外环境的设计，自然形成了新老建筑的过渡空间，加强了东西两馆之间的联系。

为了加强美术馆的观展方向性，贝聿铭把三角形大厅作为中心，展览室围绕它布置。观众通过楼梯、自动扶梯、平台和天桥出入各个展览室。透过大厅开敞部分还可以看到周围建筑，从而辨别方向。另外，为了解决博物馆过于严肃的问题，他将三角形大厅内布置树木、长椅，通道上也布置一些艺术品。大厅高25米，顶上是25个三棱锥组成的钢网架天窗。自然光经过天窗上一个个小遮阳镜折射、漫射之后，落在华丽的大理石墙面和天桥、平台上，非常柔和(图5.27)。建筑室内通过斑斓的光影变化，丰富的视觉变化，巧妙的空间变化拉近了艺术与民众的距离，烘托出具有亲和力的美术馆形象，进而解决了美术馆高高在上的问题，满足了甲方的委托要求。

**图 5.27　三角形大厅室内空间**

虽然建筑设计都是以调查分析作为开端，进行资料汇总集合问题，进而来产生设计概念进行发展，每一次的过程步骤近乎相同，但是每一个项目对于建筑师而言都是一次新的挑战。世界上没有可以放之四海而皆准的设计方案，每一个项目的特点、环境、背景等都不尽相同，每一个环节的分析直接影响下一步问题的解决方案，这种环环相扣的设计模式具有独特的针对性，复制的概率很低。

## 5.2.2　建筑类型影响下的建筑方案

建筑方案的构思还同建筑的类型有着密不可分的关联，建筑类型的确定，是对建筑的功能、场所、氛围、形体等的确定。"形式追随功能"，建筑的外观应与内在的功能属性和建筑类型特点相统一，在不一样类型的建筑中由于使用功能的不同，人流方向、空间组织也就不尽相同，建筑的体型和立面因而不同。庄严肃穆的行政办公类建筑体型上多以简洁大方为主，外立面构图大都避免曲线类的设计要素，多采用行列式窗，入口处常用大面积玻璃幕墙形式，用色选材上以冷色调硬朗材质为主；托幼类建筑则多数采用色彩缤纷、造型多样的体块组合形式，以满足幼儿心理的需求(图5.28)；博览类建筑由于存在展示品和观看人流的组织问题，体型设计上以有秩序地组合大空间体块为主，附属功能空间与之相配合组成序列空间，立面常见大面积实墙体并配有高侧窗采光，如上海博物馆(图5.29)。

这些建筑在体型和立面上恰当地反映出建筑的性格特征，人们在进入建筑之前就可以直观地从外形上判断出该建筑的使用功能和类型特征，符合人们的视觉感受和使用心理。

图 5.28　北京 SOHO 现代城小牛津幼儿园　　　　　　图 5.29　上海博物馆

# 5.3 方案产生过程中的判定与取舍

在建筑方案创作阶段，思维的发散会使头脑中涌现出大量的思绪与灵感，它们此起彼伏甚至相互矛盾，因此在设计初期很容易出现多个方案雏形，但最终所要采纳并执行完成的想法只有一个，这就需要在思维的发散后，有一个思维收敛的过程，判定哪些想法是较为理想的，哪些是不实际的，哪些又是可以相互糅合的，从而对发散的思维进行判定取舍。

## 5.3.1 判定与取舍的衡量标准

判定与取舍，首先取决于对方案进行衡量的各种标准。主要的权衡标准有以下三方面内容。

其一，从审美角度来说，专业领域对于空间美学的认可要远远高于大众的审美情趣（图 5.30）。比如素混凝土建筑（图 5.31），从专业的角度理解是将它去除多余的装饰，把观赏者直接引入到纯粹的光影灵动和丰富的空间变化当中；而从大众或甲方的审美角度出发，这样的建筑则冰冷缺乏生活气息。在实际设计中，类似平衡两方面审美标准的情况还有很多，需要建筑师合理地坚持和捍卫自己的专业设计，同时也要接纳甲方的意见，权衡判定方案的哪些部分是可以保留的，哪些是可以舍弃继续进行改进的，并最终尽可能达成双方审美都能认可的方案。

如图 5.32 所示为方案判定与取舍的主要标准。

其二，从技术标准来看，如果一个设计为了追求审美上的吸引力而过度依赖技术，那么这个设计就不是成功的。一项设计中，合理的平面布局是决定方案能否实施的基础，配合方案进行结构选型是一个建筑得以合理实现、控制建造成本及节约能耗的首要前提。比如在低年级设计题目中常见的咖啡厅或茶室设计，一般任务书给出的要求是建筑面积在300 平方米左右的小体量建筑，而往往有同学首先从造型角度出发，为了满足与众不同的形式，采用大面积玻璃幕墙、网架或斜拉杆件等手法，这就造成了大材小用，材料的浪费姑且不提，结构构件的尺度大大占据了小体量建筑内部，造成空间使用的不合理，这也使得形式美观的初衷难以实现。因此，需要结合建筑的体量、功能、所处环境位置等因素，合理进行结构选型。

图 5.30　北京燕郊开发区天子大酒店

图 5.31　安藤忠雄的素混凝土建筑

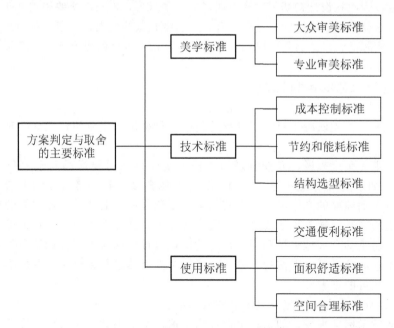

图 5.32　方案判定与取舍的主要标准

　　其三，从使用角度来看，不同性质的建筑使用人群和特点各不相同，使用人流量比较大的建筑在平面设计时，通常以交通组织作为设计的切入点，优先进行考虑，比如，车站、机场等交通运输类建筑；对于博物馆展览馆等建筑需要协调展示空间与观展者的观赏舒适性，过大的空间产生空灵的效果，狭小的空间产生压抑的心理，因此要结合使用标准，进行合理的平面组织和空间选取。

## 5.3.2　判定与取舍的把握控制

把握和控制建筑方案的判定与取舍，取决于设计者对于建筑的关注角度。如图 5.33 所示为某法院设计的方案效果图，在两个方案的对比中，我们可以发现，两个方案的主体建筑与裙房在体量上是相似的，但平面流线组织、立面表达语言、体块连接方式上是不相同的，但是，在效果图中两个方案的周边建筑被虚化，设计者对于新建筑与周边场所适应性的考虑是微乎其微的。这种通过纸面或屏幕的效果图来选择方案的做法存在一定的片面性，方案的三维空间性不能够很好地被评判者接收，即便在计算机中做出仿真度极高的模型动画等，但人们的眼睛终究是通过二维平面的屏幕来感知设计的。

图 5.33　某法院设计的方案效果图

在建筑行业逐步与国际接轨的今天，建筑设计的方式方法也有了革新性的发展，建筑方案在创作之初，就加入了三维的实际模型来提高建筑方案的空间体验(图 5.34)，并且越来越强化对于建筑周边环境的重视。如图 5.35 所示为突尼斯某办公楼的方案设计，通过大量的模型比对，色彩材质的分析，以及对建筑周边环境同材质的模型建构，使设计者对建筑未来所处环境中的空间形态和体量大小有了清晰的三维认知，更好地尊重建筑的场所精神。最终，方案选择适合周围街路交叉平面的模型进行深入，配合城市肌理进行立面切割，选取适合周边环境的色彩赋予建筑，使这座现代建筑成功地嵌合于陈旧的老城之中。这种方案取舍方式中，所涉及的分析草图绘制与模型制作，将在本书第 8 章做详细的介绍。

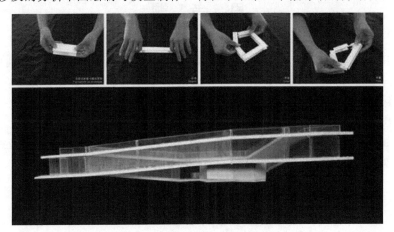

图 5.34　应用模型推敲建筑方案

**图 5.35　突尼斯某办公楼的方案设计**

　　以上直接应用电脑绘图和制作实物模型的两种设计方法有所不同，所关注重点和开始设计的角度也不一样，因此，判定取舍方案的思维方式也不同，方案设计的时间进度也随之产生差异。因此，需要设计者结合每一个方案的要求特点，以及个人的思考习惯，在规定的时间内合理地掌控方案的进程，果决判断方案的取舍，提高方案设计的效率。

# 本 章 小 结

　　本章主要介绍了创造性思维和逻辑性分析与建筑方案创作的关联，并介绍了衡量建筑方案的基本标准与方案取舍的常见方法。

# 思 考 题

　　1. 尝试用 2 米×2 米的纸质材料制作容纳一个人的掩蔽体，将感受到的空间描述出来。

　　2. 尝试用 A4 白纸折剪出可自行挺立(不靠外力支撑)的空间。

　　3. 列举出 3～4 个效仿自然的建筑作品并进行简要分析。

　　4. 利用 9 个 20 毫米边长的立方体，进行形式组合排列，组成的方式和造型越多越好。

　　5. 找出实际生活中的两种类型建筑，进行建筑特点比较。

# 第三篇　建筑的发展趋势

# 第**6**章
# 建筑与技术

教学目标

本章主要通过介绍建筑在稳定性、舒适性和安全性方面的技术要求，目的是让学生了解建筑与技术的关系，技术的发展与应用对建筑发展的影响，从而学会用技术的手段来解决建筑中的问题。

教学要求

| 知识要点 | 能力要求 |
| --- | --- |
| 建筑的稳定性 | （1）了解建筑的受力状态及与材料的关系<br>（2）了解建筑常用的结构类型及适用范围<br>（3）了解建筑构造的组成、影响因素及设计原则 |
| 建筑的舒适性 | （1）了解影响建筑舒适性的地域因素<br>（2）了解影响建筑舒适性的物理环境因素<br>（3）了解绿色建筑的含义和设计原则 |
| 建筑的安全性 | （1）了解灾害与建筑的关系<br>（2）了解建筑防火的设计要点<br>（3）了解建筑抗震的设计要点 |

## 引言

建筑，是凝结着人类科学技术智慧与文化艺术精华的复杂综合体。在漫长的历史年代中，建筑技术发生不断的改进，直至今日出现了大跨度建筑、绿色节能建筑、防灾减灾建筑等。本章具体讲述了建筑的基本技术问题以及业态发展所关注的技术趋势。

在漫长的历史年代中，从事建筑营造活动的工匠既是建筑师，又是工程师。但是随着社会生活的提高、大工业生产的发展和科学技术的进步，各种建筑技术也在不断发展与更新，各项技术的分工也越来越明确，出现了专门的结构工程师、水暖工程师和电气工程师等。尽管如此，建筑师仍然是总领设计全局的统帅，对各项建筑技术起着决策的作用。所以，正确对待和运用建筑技术，乃是建筑师出色完成其历史使命的一个重要条件。

# 6.1 建筑的稳定性

建筑矗立在自然空间中，要抵抗各种外力的作用和环境的影响而得以"生存"，因此需要其必须具有稳定性。这种稳定性一方面要依赖于其结构的坚固，即在各种人为和自然界的作用力下，能保持建筑安全的结构体系；另一方面还体现在建筑的各个构件之间的有效组合和连接，保证其能在各种环境条件下，发挥其功能的构造体系。

## 6.1.1 建筑材料与力

我们都知道，建筑在使用过程中需要承受各种力的作用，这些力中有些是一直伴随建筑物存在的，如建筑本身所产生的重力；有些是随着时间发生变化的，如建筑中人的重力、风对建筑产生的水平推力，积雪对建筑产生的压力；有些是偶然产生的，如地震力、爆炸力等。根据这些力的受力状态基本可以将力分为拉、压、弯、剪、扭 5 种，以及由其组合而成的各种更加复杂的受力状态。

建筑材料是组成建筑的最基本物质，如木材、砖石、钢筋混凝土、钢材、玻璃等。由材料所制成的建筑构件在建筑中具有不同的作用，有的起围护作用，如屋顶、外墙体、外门窗等；有的起结构作用，如基础、柱子、梁、楼板等。每一种构件在建筑中所承担的角色是由其材料组成决定的，尤其在结构构件中。因为建筑材料自身内在的结构差异，使其适于抵抗不同的外力作用，如有的材料抗压性能强，如石材、混凝土材料（混凝土是由水泥、砂浆、石子和水按照一定比例混合而成），通常用于制作受压构件；而有的材料抗拉性能强，如钢铁材料，适宜制作受拉构件。其中，钢筋混凝土构件是由钢筋和混凝土两种材料共同组成的受力构件，在力的作用下，混凝土主要承担压力，钢筋主要承担拉力。可见在这种构件中，两种材料的力学优势都得到了充分的发挥。因此，面对不同力的作用时，应充分利用材料特性合理设计受力构件是保证建筑稳定性的首要条件。

## 6.1.2 建筑结构技术

建筑结构是建筑物用来形成一定空间及造型，并具有抵御人为和自然界施加于建筑物的各种作用力，使建筑得以安全使用的骨架。从定义来看，建筑结构具有两方面的作用；一方面是要解决建筑的空间造型；另一方面是要解决建筑的受力问题。建筑结构技术的发展，贯穿着建筑发展的历史。从古埃及和古希腊用石材做梁柱结构，到工业革命后，钢材和混凝土的广泛使用，极大地改变了建筑的形态和面貌，使建筑的跨度和高度都有了极大的飞跃。到目前为止，世界上最高的建筑是迪拜的迪拜塔，又称迪拜大厦或比斯迪拜塔，高度 818 米（图 6.1）。虽然目前已有专门的结构工程师，但建筑师同样应该很好地懂得结构技术，才能使建筑设计达到技术与艺术的完美统一。

随着建筑结构技术的发展，目前建筑结构有很多种类型，分类方式也多种多样。如果按结构材料分，可以分为钢筋混凝土结构、钢结构、砌体结构、木结构等；如果按组成结构的主体结构形式分，可以分为墙体结构、框架结构、框架-剪力墙结构、筒体结构、桁

图 6.1 迪拜塔

架结构、拱形结构、网架结构、空间薄壁结构、悬索结构、薄膜结构等；如果按建筑结构的体型分，可以分为单层结构、多层结构、高层结构、大跨结构等；按建筑结构的受力特点分，可以分为平面结构体系和空间结构体系等。下面介绍几种常见的结构类型。

1. 墙体结构体系

墙体结构体系是以部分或全部建筑外墙以及若干固定不变的建筑内墙作为竖向支承系统的一种体系。按照承重墙体材料的种类分，可以分为砌体墙承重和钢筋混凝土墙承重。

砌体墙的材料主要包括各种承重砖、石材等，其来源比较丰富，施工较为方便，主要应用于低层、多层、空间跨度较小的民用建筑，如住宅、旅馆、学校、幼托、办公用房等。但由于砌体材料的受力特点，抗压强度高而抗拉强度低，因此在砌体结构中会配置钢筋，提高砌体的抗弯强度。所以会在砌体结构中采用钢筋混凝土的过梁、圈梁、楼板、构造柱等构件，从而形成混合结构，如图 6.2 所示。

图 6.2 砖混结构

钢筋混凝土墙是由钢筋与混凝土的混合材料制成，按施工方式可以分为预制装配式和现浇式。预制装配式是指建筑中的各构件在工厂按尺寸制作好，然后运到施工现场进行安装(图 6.3)。这种方式的建筑平面相对较为规整，使用不够灵活，适应于一般的学校、宿舍、旅馆、住宅、办公等建筑的要求。现浇式是指在施工现场支模板，并整体浇筑而成的结构，这种结构整体性好，使用灵活，往往大量应用于高层建筑中。

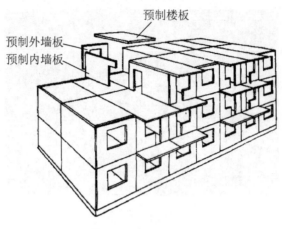

预制楼板

预制外墙板

预制内墙板

图 6.3 预制装配式

### 2. 框架结构体系

框架结构体系对于建筑结构上的构思在于用两根柱子和一根横梁来取代了一片承重墙，如图 6.4 所示。一方面，将原来被承重墙体占据的空间尽可能地释放了出来，使得建筑结构构件所占据的空间大大减少；另一方面，由于内、外墙均不需要承重，因此可以灵活布置和移动。这种结构体系适用于那些需要灵活分隔空间的建筑物，而且建筑立面的处理也较为灵活。框架结构体系使建筑中的承重系统与非承重系统有了明确的分工，充分发挥了材料的性能，具有强度大、刚度好的优点。

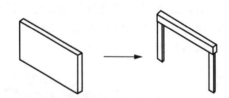

图 6.4 框架结构示意图

### 3. 框架-剪力墙结构体系

框架-剪力墙结构体系，是在框架结构体系的基础上增设一定数量的钢筋混凝土墙，从而形成双重结构体系，见图 6.5。

一般而言，框架结构体系虽然可以形成较大的空间，但其抗推刚度较小，抵抗水平力的能力较低，特别是当用于高层建筑和抗震地区的建筑时，其承载力和变形往往不能满足要求。相反，墙体结构体系却具有抗推刚度大、抗侧力承载力高的特点，但由于结构墙体的间距较密，建筑布置不够灵活，在功能使用上的灵活度较低。所以将两种结构体系组合在一起，可以集成框架结构和墙体结构的优点，取长补短，既可以形成大空间，空间布置灵活，也可提高建筑的抗侧推能力。该结构体系主要用于受水平风力影响较大的高层建筑和抗震地区。

### 4. 筒体结构体系

筒体结构是由框架－剪力墙结构与全剪力墙结构综合演变和发展而来的，是由钢筋混

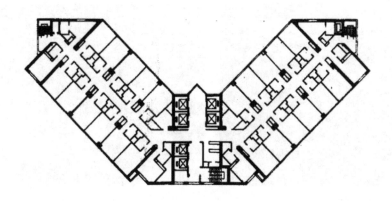

图6.5 框剪结构平面图(某高层旅馆)

凝土墙体或密柱深梁围合成筒形,通过空间受力关系,实现结构共同作用。筒体结构的抗侧刚度和承载力都远远优于普通的框架结构和框架-剪力墙结构,是高层和超高层建筑的重要结构形式,如图6.6所示。

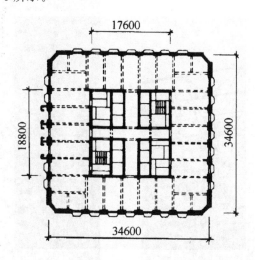

图6.6 国际贸易中心主楼(筒体结构)

5. 桁架结构体系

桁架结构中的桁架指的是桁架梁,是格构化的一种梁式结构,其材料可以是木材、钢筋混凝土或钢材。这种形式可以大大减小梁的重量,从而获得较大的跨度,常用于厂房、展览馆、体育馆和桥梁等公共建筑中(图6.7)。

6. 网架结构体系

网架结构是由许多连续的杆件按照一定规律组成的网状结构,它改变了桁架结构平面受力的特点。网架结构空间刚度大,整体性强,稳定性好(图6.8)。在节点荷载的作用下,杆件主要承受轴向力,因此能充分发挥材料的强度,节省钢材,结构自重小。该结构体系适用于大跨度的建筑平面,除了用作大空间的顶盖外,还可以整体化地围合空间(图6.9)。

(a) 钢桁架

(b) 木桁架

图 6.7　桁架结构体系

图 6.8　平板网架结构

图 6.9　蒙特利尔博览会美国馆(1967 年)

### 7. 拱结构体系

拱是一种古老的结构形式，从古埃及和古希腊时起，就采用石材、砖、甚至土坯来建造拱以增加跨度，一千多年过去了，这种结构形式仍然被我们大量使用，现代人用钢筋混凝土或钢材来建造拱，可以获得更大的跨度(图 6.10)。拱结构从形式上可以看做是在梁结构的基础上增加了一个向上的弧度，因此，它在力的作用下，会把一部分向下的力转化为水平推力(图 6.11)，从而减小跨中的弯矩，达到增加跨度的目的。在不同力的作用下，拱的形状可以是圆拱、抛物线拱或悬链线拱。

### 8. 薄壳结构体系

薄壳结构属于空间薄壁结构，它比拱结构更具优越性。因为拱结构只有在某种确定的

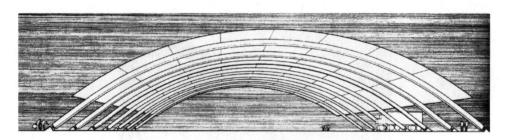

图 6.10 拱结构

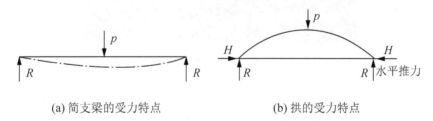

(a) 简支梁的受力特点      (b) 拱的受力特点

图 6.11 拱与梁的受力特点比较

荷载作用下才有可能找到合理拱线轴，而薄壳可以在较大的范围内承受多种分布荷载而不致产生弯曲。该结构具有整体工作性能良好、内力比较均匀等特点，是一种强度高、刚度大、材料省、既经济又合理的结构形式。薄壳结构可分为折板和曲面壳两种形式（图 6.12）。该结构适用于大跨度的公共建筑，应用范围较广。

(a) 折板      (b) 曲面壳

图 6.12 薄壳结构体系

9. 悬索结构体系

　　将拱结构翻转过来，就形成了悬索结构。拱结构主要处于受压状态，而悬索结构主要处于受拉状态。悬索结构一般由三个部分组成：拉索、边缘构件和下部的支承构件。该结构充分利用了截面的抗拉承载力，使结构自重极大地减小，而跨度大大增加，适用于超大跨的建筑，如悬索桥和斜拉索屋盖。对于建筑而言，由于拉索显示出柔韧的状态，使得结构形式轻巧且具有动感，如图 6.13 所示。

图 6.13　华盛顿杜勒斯机场候机楼

10. 薄膜结构体系

薄膜结构是 20 世纪中期发展起来的一种新型建筑结构形式，是由多种高强薄膜材料 (PVC 或 Teflon)及加强构件(钢架、钢柱或钢索)通过一定方式使其内部产生一定的预张应力而形成的空间形状，兼有承重和围护的双重功能，如图 6.14 所示。由于这些构件灵活的布置形式以及膜本身轻柔的外表，在临时建筑或室外空间小品中经常使用，如图 6.15 所示。

图 6.14　薄膜结构体系

图 6.15　薄膜结构体系

## 6.1.3　建筑的构造技术

对建筑的稳定性产生影响的另一要素是建筑的构造技术。我们都知道，建筑是由许多构件所组成，但这些构件具体包括哪些？这些构件是由什么材料制成的？它们之间又是如何联系的？这种联系不仅是指建筑的不同部位之间，如外墙体与外门窗之间，而且还指不同方向的表面之间，如墙面与屋面之间、墙面与楼面之间、墙面与地面之间；以及不同材料的相连接处，等等。这些正是构造技术所研究的内容。因此，建筑构造是研究建筑物的构成、各组成部分的组合原理和方法的科学。它作为建筑施工的依据，是在建筑方案设计的基础上，通过建筑构造设计，形成完整的建筑设计，是建筑师必须掌握的一门科学技术。

1. 建筑的构造组成

建筑的类型虽然多种多样，但它们都有基本相同的组成部分，分别为基础、墙柱、门窗、楼地层、屋顶、楼梯、雨棚、阳台等，如图 6.16 所示。这些构件以不同的形式组合在一起，形成了千姿百态的建筑。

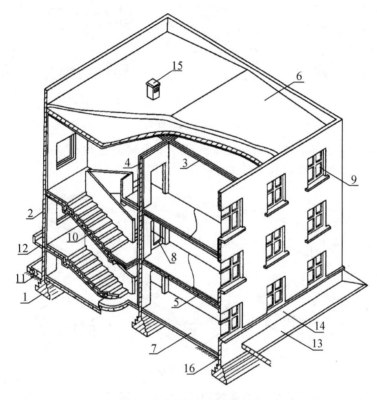

图 6.16　建筑物的构造组成

1—基础；2—外墙；3—内横墙；4—内纵墙；5—楼板；6—屋顶；7—地坪；8—门；
9—窗；10—楼梯；11—台阶；12—雨篷；13—散水；14—勒脚；15—通风道；16—防潮层

（1）基础。基础是房屋底部与地基直接接触的承重构件，它承受房屋的上部荷载，并把这些荷载传给地基，因此基础必须坚固稳定，安全可靠。

（2）墙体。墙体包括结构墙体与非结构墙体，主要起围护、分隔空间的作用，但在墙体结构体系中的墙体还要起承重的功能。所以，墙体要有足够的强度和稳定性，并具有保温、隔热、隔声、防火、防水等能力。

（3）楼地层。楼板是重要的结构构件，要具有足够的强度和刚度，同时还要求具有隔声、防潮、防水、耐磨等功能。地坪层是底层房间与土层相接触的部分，它承受底层房间的荷载，同样要求具有一定的强度和刚度，并具有防潮、防水、保暖、耐磨等性能。

（4）楼梯。楼梯是建筑中重要的垂直交通构件，具有防火疏散通道的重要作用。楼梯的种类多种多样，如果按照形式分，有直跑楼梯、双跑楼梯、三跑楼梯、旋转楼梯等，如图 6.17 所示；如果按照室内外位置分，可分为室内楼梯，室外楼梯；如果按照材料来分，可分为木楼梯、钢筋混凝土楼梯、钢楼梯等。

（5）屋顶。屋顶具有承重和围护的双重功能，所以不仅具备一定的强度和刚度，还要

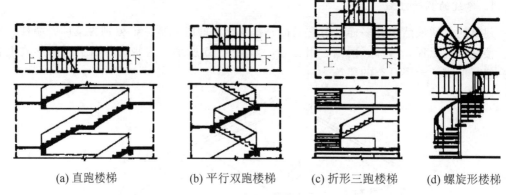

(a) 直跑楼梯　　　　(b) 平行双跑楼梯　　　(c) 折形三跑楼梯　　　(d) 螺旋形楼梯

图 6.17　楼梯形式

具有保温、隔热、防水等功能。屋顶是建筑设计中重要的造型要素，所以其形式多种多样，主要有平屋顶、坡屋顶和其他形式的屋顶，如图 6.18 所示。

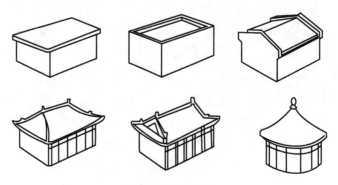

图 6.18　屋顶形式

（6）门窗。门是主要用做交通联系的构件，窗的作用是采光通风。处在外墙上的门窗是围护结构的一部分，需要有多重功能，如采光、通风、保温、隔热等。门窗有不同的种类和开启方式，按照门窗材料分，大致可分为钢或铝制的金属门窗、木制门窗和塑料门窗；按开启方式分，可分为平开式、推拉式等（图 6.19 和图 6.20）。

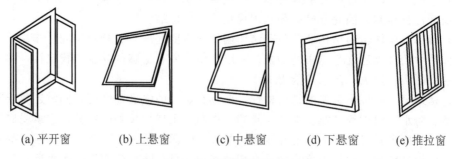

(a) 平开窗　　　(b) 上悬窗　　　(c) 中悬窗　　　(d) 下悬窗　　　(e) 推拉窗

图 6.19　窗的开启方式

建筑的组成除了以上六大部分外，还有其他一些附属部分，如阳台、雨篷、平台、台阶等。无论是哪种构件，其在建筑中都处于不同的位置，承担不同的功能，都需要具有一定的构造要求来满足其功能的实现。

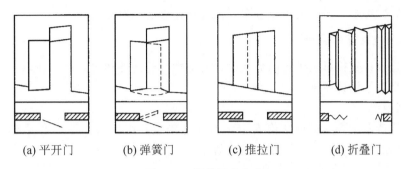

(a) 平开门　　　(b) 弹簧门　　　(c) 推拉门　　　(d) 折叠门

图 6.20　门的开启方式

### 2. 影响构造技术的因素

由于建筑处于自然环境和人为环境之中，影响构造技术的因素很多，如环境因素、荷载因素、技术因素、标准要求等。为了提高建筑物的使用质量和耐久年限，在建筑构造设计时，必须充分考虑各种因素的影响，尽量利用其有利因素，避免或减轻不利因素的影响，提高建筑物对各种外界环境影响的抵御能力。

#### 1) 环境因素

环境因素包括自然因素和人为因素。自然因素是指风吹、日晒、雨淋、积雪、冰冻、地下水、地震等因素给建筑物带来的影响。在构造设计时，若对自然环境因素的影响估计不足的话，就会造成建筑物渗水、漏水、冷空气渗透、室内过热或过冷、构件开裂，甚至遭受到严重的破坏，影响建筑物的正常使用。为了避免这些情况的发生，在设计时，必须掌握建筑物所在地区的自然环境条件，针对所受影响的性质和程度，对建筑各个部位采取相应的防范措施，如保温、隔热、防水、防潮等。

人为因素是指火灾、噪声、化学腐蚀、机械摩擦与振动等因素对建筑物的影响。在构造设计时，同样需要采用相应的防护措施，来减少这些因素所带来的危害。

#### 2) 荷载因素

荷载的大小和作用方式是建筑结构设计的主要依据，它决定着建筑结构的形式，构件的材料、形状和尺寸，而这些因素的确定同样与建筑构造有着密切的关系，是建筑构造设计的重要依据。

#### 3) 技术因素

技术因素是指建筑材料、结构、施工方法等技术条件对于建筑构造技术的影响。随着这些技术的发展与变化，出现了许多新的构造做法和相应的施工方法。例如，作为脆性材料的玻璃，经过加工工艺的改良以及采用新型高分子材料作为胶合剂做成夹层玻璃，其安全性能、力学性能和机械性能等都得到了大幅度的提高，不但可使单块块材面积有了较大的增加，而且连接工艺也大大简化。如果用玻璃来做楼梯栏板，过去的做法是要先安装金属立杆，再通过这些杆件来固定玻璃；而现在可以先安装玻璃栏板，再用玻璃栏板来固定金属扶手。由此可见，建筑构造设计不能脱离建筑技术条件而存在，它们之间的关系是互相促进、共同发展的。

#### 4) 建筑标准

根据建筑功能、性质的不同，建筑的建造标准也有所差别。如大量性民用建筑多属于一般标准的建筑，构造做法多为常规做法。但一些重要的、大型的公共建筑，由于建筑耐久等级较高，对美观方面的要求也较多，因此构造做法相对复杂。

**3. 建筑构造设计的原则**

建筑构造设计直接影响建筑的耐久性、舒适性、经济性和美观性，所以在进行构造设计时，要满足以下设计原则。

1）坚固耐用

建筑的构造做法要不影响结构安全，构件连接应坚固耐久，保证有足够的强度和刚度，并有足够的整体性，安全可靠，经久耐用。

2）技术先进，并满足工业化要求

在确定构造做法时，应大力推广先进的建筑技术，选用各种新型建筑材料，采用先进合理的施工工艺；为了提高建设速度，改善劳动条件，在保证建筑施工质量的前提下降低物耗和造价，应提高建筑工业化的水平，尽量采用标准设计和定型构、配件，为构、配件的生产工业化、现场施工机械化创造有利条件。

3）经济合理

在确定构造做法时，应注意降低建筑造价，同时又要有利于降低经常运行、维修和管理的费用，考虑其综合的经济效益。在材料选择时，应注意因地制宜、就地取材，采用有利于节约能源和环境保护的再生材料，节省有限的自然资源。

4）美观大方

建筑构造设计是建筑设计的一个重要环节，建筑要做到美观大方，不仅要考虑整体造型，而且要考虑组成整体的各个细部的造型、尺度、质感、色彩等艺术和美观的问题，如果考虑不当，就会影响建筑的整体设计效果。因此，构造设计是事关整个建筑设计成败的一个非常重要的环节。

在构造设计当中，每一种构造的具体做法都不是一成不变的。对于一栋建筑，由于它的使用功能不同，所处的环境条件不同，甚至民族传统和历史文化的差异都会带来具体构造做法上的不同。因此，一个合理的构造做法，换一个地方就可能不适应了。因此，如何因时因地地实施可靠、适用、坚固的构造技术是建筑师必须具备的能力。

# | 6.2 建筑的舒适性

建筑是人类为了抵御自然气候的严酷而建造的"遮蔽所"，因此它所创造的环境要能满足使用者生存和生活的基础性条件。随着社会的发展和人们生活水平的提高，人们对建筑的室内环境的要求越来越高，其不仅要能满足遮风避雨、阻挡严寒等基本条件，还要能提供适合人们居住、办公、学习、运动等不同活动空间的热环境、光环境和声环境。

## 6.2.1 建筑的地域性

如何创造舒适的室内环境，首先要符合建筑所处的地域特点。地域性就是对于某个特定的地域，由当地的一切自然环境与社会文化因素共同构成的共同体所具有的特性。可见，影响地域性的因素可以是自然因素，也可以是社会因素。其中自然因素主要包括气候、地形地貌、自然资源等方面；社会因素主要包括社会的结构形态和经济，人们的生活方式和风俗习惯，社会经济及技术水平等。不同的地区，由于地域性的差异，所采用的技术措施也不尽相同，因地制宜是建筑地域性表达的主要方法，由此也造就了丰富多彩的建筑形式。

### 1. 气候

气候是自然因素中不可移植的地域特征，也是最稳定长久的要素，对建筑地域性的影响最为突出。气候是指某一地区多年的天气特征，它由太阳辐射、大气环流、地面性质等相互作用而决定，主要表现为日照、降水、风、温度、湿度等参数的不同，从而形成全球各地区不同的气候特征。从全球气候分区来看，可以分为极地气候、沙漠气候、热带草原气候、山地气候、寒带针叶林气候、大陆性气候、地中海气候、亚热带气候、热带雨林气候等十余种。我国地域辽阔，从西北内陆到东南沿海，呈现从大陆性气候到海洋性气候的过渡。从南到北有热带、亚热带、暖温带、温带、寒温带几种不同的气候带。北部地区冬季严寒多雪，最低温度可达−30℃以下，南部地区夏季高温多雨，最高温度可达40℃以上。降水的时空变化明显，有干旱少雨的西北地区，也有雨量丰沛的东南地区。

不同的气候特征直接影响建筑的空间形式、技术措施等方面的差异。在气候寒冷地区，建筑形式普遍较为规整、凸凹变化小，空间组织较为紧凑；而在气候炎热地区，建筑形式往往比较舒展、凸凹变化较大，空间组织较为松散。这正如人体在不同气候环境的本能反应一样：在寒冷的时候人们通过握紧拳头、交叉双臂、耸起肩膀、紧闭双腿，缩成一团来减少身体的暴露，可以有效防御严寒的侵入，减少热量的散失；而在炎热的时候，人们会让身体尽量舒展，加速热量散失。我国南北跨越多种不同的气候带区域，如何适应地域气候，在我国传统民居中有着最明显的体现。

例如我国传统的合院建筑，是指将建筑实体围合成内庭开敞的空间形式，但在南北方地区却有不同的体现形式。在北方寒冷地区以北京四合院为代表，如图6.21所示，四周围合的建筑层数少，内院开敞，屋顶坡度比较平缓，可以方便阳光采集，同时合院周围的建筑的门窗主要开向内院，对外的门窗开口很小，可以有效地阻挡寒风的侵入。而在南方比较炎热的地区，合院围合的面积比较小，周围建筑的层数较多，形成深井型的"天井院"，如图6.22所示，这种合院形式可以有效地控制太阳辐射热，并通过烟囱效应组织自然通风，达到夏季凉爽的目的。

又如我国贵州东南部传统的干栏式房屋，如图6.23所示。贵州地区的气候特点是"天无三日晴"，尤其是夏季，晴雨无常，为了适应该地区湿热的气候特征，当地居民用木或竹做梁柱把建筑物架起来，上铺楼面板建造房子住人，其下部空间架空，或养牲畜，或什么也不用，以获得良好的通风散热和防潮性能。屋顶采用大陡坡屋顶、深挑檐，便于排除雨水和遮阳。

### 2. 地形

地形地貌的特征同样会对建筑形式产生影响。我国的地势西高东低，形成三个明显的阶梯，山地、丘陵和高原约占我国国土总面积的2/3。如四川山区，高高低低的山峦一个接一个，当地居民大多依山就势建造房屋。他们将建筑建在山的边缘处，一部分在地面上，而另一部分用木柱撑起来，悬在半空中，被称做"吊脚楼"（图6.24）。

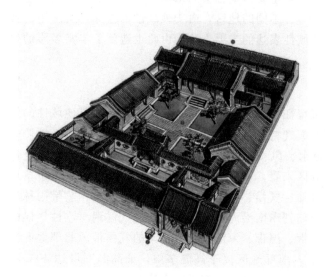

图 6.21　北京四合院

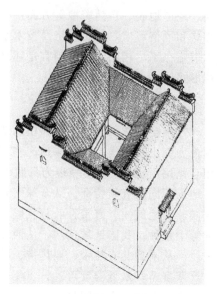

图 6.22　南方天井院

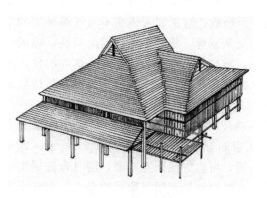

图 6.23　干栏式住宅

图 6.24　吊脚楼

3. 资源

　　材料资源是建造房屋的基本物质条件，但能被用来做建筑材料的物质很多，如各种土类、石材、木材等，所以选用何种材料，应该根据当地的资源条件。例如在中国西部的陕西、甘肃、山西一带，生土资源丰富，而且土质坚实，加之气候比较干燥缺雨，所以挖洞造房就成了当地居民的一种既经济又方便的建房手段，如图 6.25 所示为窑洞。

　　我国西藏、青海地区，当地多山地，石材资源丰富，所以建造房屋多以石材为主要材料。该地区房屋多为二、三层的楼房，平屋顶，外墙上下有收分，形似碉楼，所以称石碉房（图 6.26）。

　　除了自然因素，建筑的地域性还体现在社会因素方面，如社会发展的历史原因、民族风俗习惯等。如在江西、福建、浙江一带，建筑为圆形或方形的围楼，也称"客家"住宅（图 6.27）。它的产生是相传古代魏晋时期由于北方战乱，有些家族南迁，在这一代定居下来，但因为他们是外来的，时常会与当地人发生纠纷，所以他们聚族而居，建造圆形（或

图 6.25 窑洞 　　　　　　　　　　　　　　图 6.26 石碉房

图 6.27 客家住宅

方形)的大楼房,里面建有三到四层的楼房,楼上住人家,楼下底层养家禽、家畜,做粮仓及其他杂用,外墙很坚实,不易被攻入。这种建筑在当时不仅有居住的功能,还有防御的功能。最大的客家住宅直径达 70 米,里面有二三百间房。又如我国内蒙古自治区蒙古族的聚居地,当地居民长期以来保持着游牧的生活方式,他们饲养着成群的牛羊和马匹,住在草原上进行放牧,并且随着草原草场的变化而经常搬迁,所以"蒙古包"成为他们适应这种生活方式的住宅形式。这种住房平面为圆形,用木条编成,框架可以装拆,在框架外面包以羊毛毡,所以也称为"毡包"(图 6.28)。

图 6.28 蒙古包

地域性不仅造就了我国传统民居的多样性，也是全世界大多数建筑师进行建筑创作的根本宗旨。例如印度著名建筑师查尔斯·柯里亚提出了"设计追随气候"的理念，1960年他在充分研究了印度气候特征、地域特点、传统文化和社会现状问题等的基础上，提出了"管式住宅"的概念。管式住宅(Tube Housing)直接从其平面形式得名，即平面面宽窄、进深长，形同管状。管式住宅把烟囱拔风原理巧妙地运用到了建筑剖面设计中，热空气顺着倾斜的顶棚上升，从顶部通风口排出，新鲜空气被吸入，形成一种自然通风的循环系统，入口大门旁边可调节百叶窗也可用来进行控制调节(图 6.29)。

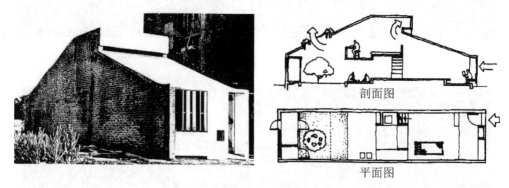

剖面图

平面图

图 6.29　管式住宅

## 6.2.2　建筑的声光热

建筑是人工环境，它不同于野外环境，因为野外环境的阴晴雨雪变化是不受控制、极不稳定的，而建筑环境是人为地创造我们所需要的生活环境，所以它必须满足人类的生理需求，能够被我们所控制，并具有一定的稳定性。人们对建筑环境舒适度的判断，主要取决于热环境、光环境和声环境，也称物理环境。人们处在各种室内外空间环境中，总伴随着声、光、热等因素的刺激，这些刺激如果符合人体的需要，就会使人感到舒适；反之，则会对人体造成身体，甚至心理的伤害。例如在温度较低的环境里，人们会感觉冻手冻脚、坐立不安；如果在照明不足的条件下，人看东西时就会相对困难；如果长时间处在噪声环境中，人会出现烦躁、不安的情绪，甚至使人的精神出现问题等。所以对建筑物理环境的创造，是达到建筑舒适性的重要条件。

1. 热环境

热环境的创造是人类当初建造建筑的主要目的之一。无论外面天气如何变化，建筑室内都能提供满足人类身体需求的稳定而舒适的环境。舒适的热环境是增进人们身心健康、保证有效地工作和学习的重要条件。热环境主要包括室内的温湿度、通风情况和阳光的摄入量等方面。

1) 温湿度

一般来说，我们感到舒适的温度一般会在 21～24℃范围内，但如何能保证室内温度持续稳定在这一舒适范围内？因为在寒冷的冬季或炎热的夏季，室外温度通常偏离这一范围，这就需要建筑的围护结构和采暖或制冷设备进行维持和调节。

围护结构是建筑抵御外部环境影响的屏障，建筑主要是通过围护结构来保证室内温度的稳定，防止室内外温度的双向传递。但当仅依靠围护结构无法达到舒适温度时，就需要依靠采暖和制冷设备来进行温度调节，如暖气、空调等。随着技术的发展，现代建筑已经能够完全采用各种技术手段来达到人们想要的温度和湿度。但这种纯人工的环境，不仅需要耗费大量的能源，还不利于人身体的健康。有研究表明，长期生活在人工空调环境里的人，身体对冷热的调节能力会下降，鼻炎的发病率会明显增加。所以，如何协调自然环境和人工环境的关系是我们一直研究的问题。

除了温度外，对空气湿度的控制也是很必要的。在冬季，被加热的空气会变得异常干燥，导致人的皮肤、口鼻干燥，感觉很不舒适，甚至还容易产生静电、家具干缩裂缝。但如果湿度过高，则会产生水凝结现象，会使材料发霉，保温能力下降等。因此，适宜的湿度要求同样必不可少。

2）通风

通风不仅可以利用空气流动来调节室内的温湿度，还可以提供新鲜空气。风的产生是由空气压力主导的，这种压力的形成主要依靠风压和热压。风压通风是指当自然风吹向建筑物的正面时，由于受到建筑物表面的遮挡而在迎风面上产生正压区，使得气流偏转后绕过建筑的各个侧面和屋面，在侧风面和背风面产生负压区。当建筑物的迎风面和背风面设有开口时，风就依靠正负压区的压差从开口流经室内，从而在建筑内部实现空气流动，也就是我们所说的穿堂风。热压通风的原理是由于建筑物内外空气的气温差产生了空气的密度差，于是形成压力差，驱使室内外的空气流动，也就是我们常说的"烟囱效应"（图 6.30）。

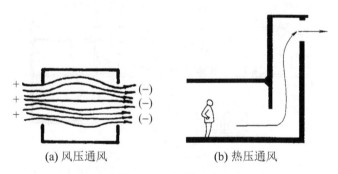

(a) 风压通风　　　　　(b) 热压通风

**图 6.30　通风形式**

但当建筑中一些空间无法产生自然通风的条件时，就需要利用机械设备通风。如住宅中的卫生间、浴室，餐饮建筑中的厨房等房间，会产生较大的气味和湿度，通常会在窗上或墙上设置风扇进行机械通风。

3）日照

阳光是人类生存的基本要素之一。首先，太阳的照射可以给我们带来热量，当阳光直射进房间内，可以增加室内的温度；其次，阳光中的紫外线还能够杀菌，创造健康卫生的室内环境；此外，阳光还能改善我们的心情。因此，在我们居住的环境中有充足的阳光是保证身心健康的重要条件，同时也是保证室内卫生、改善居室微气候、提高舒适度的重要因素。

2. 声环境

从物理上讲，当物体振动时，在它周围就会产生声波，声波不断向外传播，被人们听到成为声音。人耳能听到的声波的频率范围约在20～20000Hz之间。从感觉上讲，有些声音是人们需要的，想听的，如相互交谈或是音乐欣赏，而有些声音是不想听见的，如嘈杂声、机器声等，这些声音被称作"噪声"。但人们对声音的感觉是一个主观的评价，因此，噪声和好听的声音并没有绝对的界限。

要想创造舒适的声环境，即想听的声音能听清并且音质优美，而不需要的声音则降到最低的干扰程度，一方面要对噪声进行控制，另一方面是根据需要提高空间的音质效果，如语音室、音乐厅等。

1) 噪声的控制

世界卫生组织（WHO）认为，噪声能够不同程度地损害人的听觉器官，影响人的精神状态和生活质量、降低劳动生产率，甚至损坏建筑物等。所以，噪声污染将成为21世纪环境污染控制的主要问题之一。

建筑内的噪声来源主要包括两个方面：一方面是来自建筑外部的城市噪声，主要包括道路交通噪声、建筑施工噪声、工业生产噪声以及社会生活噪声等；另一方面是来自建筑内部的噪声，如有来自隔壁房间的电视机、音响设备等声音的干扰，有来自楼板撞击声，有来自于电梯、卫生间上下水等设备噪声的干扰（图6.31）。

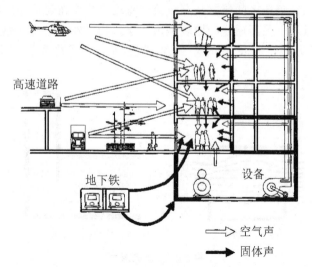

图6.31 室内环境噪声的来源

对于减少城市噪声对建筑的干扰，我们首先可以使建筑与噪声源保持必要的距离；其次可以利用屏障降低噪声，例如设置声屏障是降低交通噪声对沿路住宅干扰的一个重要措施，如图6.32所示；此外，还可以利用绿化减噪，如在噪声源与建筑物之间配植由高大的常绿乔木与灌木丛组成的林带，有助于减弱城市噪声的干扰。有研究表明，单一的乔木林，噪声衰减大约为1dB/10m，而由乔木、灌木、草皮所搭配的绿化带噪声衰减可以达到2～3dB/10m。

对于降低建筑内部的噪声，首先我们应采取措施保证和加强建筑隔声部位的密闭性，对构配件之间的缝隙应进行密缝的处理，如墙体与楼板之间，墙体与门窗框之间，各种管线与其穿越的楼板或墙体之间等。其次，房间之间隔墙的隔声性能至关重要，通常来说，墙越厚重、越密实，隔声越好。因此，隔墙必须具有足够的厚度和重量，如果不可避免地要使用轻质填充墙，则需要采用双层墙或复合结构，保证隔声性能满足标准要求。另外，对于楼板撞击声的隔绝问题也很重要。通常可以利用地毯、木地板等材料来减弱振动能量的传播，或采用"浮筑楼面"，在面层与刚性结构层之间设置弹性垫层进行减振，如图6.33所示。

图6.32 公路上的声屏障

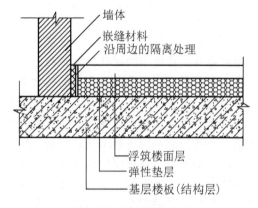

墙体
嵌缝材料
沿周边的隔离处理
浮筑楼面层
弹性垫层
基层楼板(结构层)

图6.33 浮筑楼面构造

2）厅堂音质

在以听闻功能为主要使用功能的建筑中，如音乐厅、剧院、报告厅、审判庭、录音室、演播室等厅堂，其音质设计的成败往往是评价建筑设计优劣的决定性因素之一。如果一个报告厅内，观众无法听清讲演者的说话内容，那么这个空间的设计就是失败的，因为它没有达到预期的功能要求。

厅堂空间是否具有良好的音质，不仅取决于声源本身和电声系统的性能，更取决于空间固有的音质条件。声源在围蔽空间里辐射声波，将依所在空间的形状、尺度，围护结构的材料、构造情况而被传播、反射和吸收，如图6.34所示。设计者要充分利用这些原理特点对其进行设计，以达到最佳的音质效果。

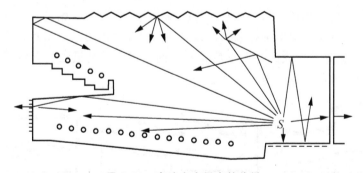

图6.34 声波在空间内的传播

但是，一个厅堂的音质设计是否成功，不仅与房间的物理条件有关，还与人的听觉生理特性，厅堂的视觉效果、舒适程度、所处的环境、演唱(奏)曲目的类别，以及评价者的素质、音乐修养、民族、爱好、年龄等诸多因素有关。一个厅堂其音质的客观参量可以通过声学测量获得，但音质优劣的最终评价取决于听众的主观感受。

### 3. 光环境

人们的生活离不开光，视觉是人们获得外界信息的重要器官之一。为视觉感受创造良好的光环境，是保证人们进行正常工作、学习和生活的必要条件，它对劳动生产率和视力健康都有直接的影响。建筑中的光环境包括自然采光和人工照明两个方面。

#### 1）自然采光

最大限度地利用自然光，不仅能让使用者感到舒适，同时也节省了能源。实验表明，人眼在自然光环境中的视觉功效较高；人们通过建筑物的窗户或其他开口形式看到天气的变化和环境的变化，保持与户外的视觉联系，有益于身心健康。同时，自然采光可以节约用电照明，具有巨大的经济效益、环境效益和社会效益。

自然光是由太阳直射光、天空散射光和地面反射光构成的，它们通过建筑上各种形式的窗户和洞口对房间进行采光，一般分为侧窗采光、天窗采光和混合采光三类。

侧窗采光是指在房间的侧墙上开窗洞口进行采光，是最常见的一种采光形式。这种形式构造简单、布置方便、造价低廉，光线具有明确的方向性，而且可以给使用者很好的视野。根据采光量的需要，可以进一步分为单侧采光和双侧采光（图6.35），有时还可以提高窗台高度形成高侧窗采光。

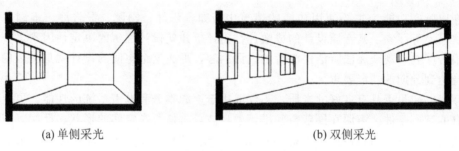

(a) 单侧采光　　　　　　　　　　　　　(b) 双侧采光

图6.35　侧窗采光的形式

对于一些大尺度的建筑空间，如空间跨度较大的厂房、体育馆等，一般的侧窗如果不能满足采光要求，则需要顶部进行采光，以满足室内亮度的要求，这种窗户称为天窗，如图6.36所示。天窗采光接收的是天空最亮部分的自然光，是最强的自然光源。但它不能提供给使用者与室外的视觉联系。

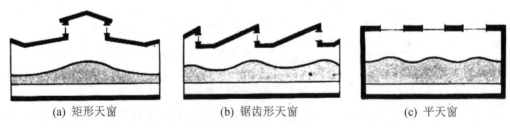

(a) 矩形天窗　　　　　　(b) 锯齿形天窗　　　　　　(c) 平天窗

图6.36　天窗的各种形式

人对自然光的接收量有一个最佳值，它与开窗面积的大小关系密切，通常用窗地比来进行衡量（即窗户面积/房间地面面积），如规范中规定，普通教室的窗地比应不小于1/7，办公室的窗地比不小于1/5，绘图室的窗地比不小于1/3.5等，可满足房间的采光要求。

建筑内的光环境除了具有足够的采光强度外，采光质量的高低也是影响它的重要因素之一。首先，房间内照度分布应有一定的均匀度。如果视野内的照度不均匀，则易使人眼疲乏，视觉功效下降，影响工作效率。其次，是防止眩光。眩光是指视野中由于不适宜的亮度分布，或在空间或时间上存在极端的亮度对比，以致引起视觉不舒适和降低物体可见度的现象。眩光的种类有来自太阳光或灯光的直接眩光，也有来自光滑物体表面反光的间接眩光。为了减小眩光可根据眩光的种类采取必要的措施。

例如在展览室和陈列室里，眩光问题是必须要考虑的问题。如果有些陈列品的放置，离采光窗口（或灯光）挨得很近，由于亮度的对比，使参观者无法看清陈列品，反而会受到眩光的刺激。所以减少眩光的方法主要有：①作业区应减少或避免直射阳光照射；②不宜以明亮的窗口作为视看背景。如果眩光源处于视线 30°以外，眩光影响就迅速减弱到可以忍受的程度。当眼睛和窗口下檐、画面边所形成的角超过 14°就能满足这一要求(图 6.37)。

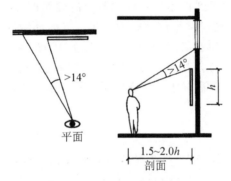

**图 6.37　避免直接眩光的方法**

2) 人工照明

人们在对天然采光的利用时，会受到时间和地点的限制，如在夜间或白天天然采光不足时，就需要利用电光源进行照明。目前，电光源的种类很多，根据其发光机理的不同，有热辐射光源（如白炽灯、卤钨灯）、气体放电光源（如荧光灯、荧光高压汞灯、钠灯等）和固体发光光源（如 LED 灯）。每种光源都有不同的发光特点，对应用的场所也有所限制。如白炽灯的光是连续的，但其波长偏黄、光波长，在这种光源下颜色难以辨准，对色彩辨别度要求高的场所不适宜使用；又如荧光灯的光波结构接近太阳光波，适宜用在我们日常学习、办公的场所。

除了选用合适的光源，还要选择合理的照明方式才能满足不同的照明需要，并且可以避免浪费能源。照明方式可分为以下几种：一般照明、分区一般照明、局部照明和混合照明，如图 6.38 所示。对某一特定区域，根据照明需要可以设计成不同的照度来照亮该区域。如在开敞式办公室中有办公区和休息区，通常对办公区的亮度需求大些，而休息区则可以相对暗一些，因此可以采用分区一般照明方式来布置灯具。

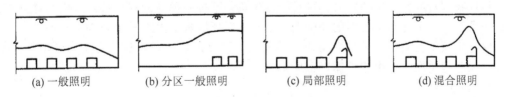

**图 6.38　不同照明方式及照度分布**

### 6.2.3　绿色建筑

随着科学技术的发展，现代化的采暖、空调和照明等系统，使人类极大地摆脱了自然气候对建筑的影响，大大地提高了室内环境的舒适度。但这种舒适度的获得都是以消耗能源、污染环境为代价的。在地球环境危机中，建筑产业对环境的破坏是超乎想象的。根据2012年西门子统计数据显示，全球建筑能源消耗占总能源消耗的41%，在二氧化碳排放方面，建筑用电带来的间接排放及建筑使用初斯能源所带来的直接排放共占21%左右，仅次于工业排放。由此可见，建筑产业在地球的环境保护中占有举足轻重的地位。

为了减少建筑中的能源消耗，降低其对环境污染的程度，1969年，美籍意大利建筑师鲍罗·索勒里首次综合生态与建筑两个独立概念提出"生态建筑"的理念；20世纪70年代的石油危机，使人们意识到耗用自然资源最多的建筑产业必须走可持续发展的道路；20世纪80年代，随着节能建筑体系逐渐完善，建筑室内环境问题突出，以健康为中心的建筑环境研究成为发达国家建筑研究的新热点；到了1992年，在巴西里约热内卢召开的"联合国环境与发展大会"，与会者第一次明确提出"绿色建筑"的概念。绿色建筑由此逐渐成为一个兼顾环境保护与舒适健康的研究体系，并在越来越多的国家实践推广，成为当今世界建筑发展的重要方向。

#### 1. 绿色建筑的定义

所谓"绿色建筑"的"绿色"，并不是指一般意义的立体绿化、屋顶花园等，而是代表一种概念或象征。由于地域、观念和技术等方面的差异，目前国内外还未对绿色建筑的准确定义达成普遍共识，但是都认同绿色建筑应具备的三个基本主题：①减少对地球资源与环境负荷的影响；②创造健康和舒适的生活环境；③与周围自然环境相融合。

全世界各个国家都在根据自身的特点（政治、经济、文化、地域、资源等）和面临的问题提出适应本国绿色建筑的发展方向。对于我国来说，我国的国情是：一方面资源总量不少，但人均资源总量远远低于世界平均水平；另一方面，目前我国经济正处于高速发展期，各个行业，尤其是建筑行业都存在着"高投入、高排放、不协调、难循环、低效率"的问题，资源和环境已成为制约我国经济发展的关键因素。因此，资源、环境和发展之间的突出矛盾是我国建筑行业迫切需要解决的问题。2006年3月，我国出台了第一部有关绿色建筑的国家标准——《绿色建筑评价标准》（GB/T 50378—2006），在此标准上给出了适合我国国情的绿色建筑的定义，即"绿色建筑是指在建筑的全生命周期内，最大限度地节约资源（节能、节地、节水、节材）、保护环境和减少污染，为人们提供健康、适用和高效的使用空间，与自然和谐共生的建筑。"

#### 2. 绿色建筑的设计原则

根据我国对绿色建筑的定义，可见绿色建筑并不是一种新的建筑形式，而是建立在充分认识自然、尊重并顺应自然的基础上，在不破坏环境基本生态平衡条件下建造的一种建筑。绿色建筑不仅需要处理好人与建筑的关系，更要正确处理好建筑与生态环境的关系。因此，绿色建筑在设计中应遵循以下原则。

##### 1) 因地制宜

因地制宜是绿色建筑的灵魂，是指根据各地的具体情况，制定适宜的办法。建筑在很大程度上受制于它所处的环境，例如材料资源的限制，气候特征的差异等，所以建筑通常是采用方便取用的资源，营造出适应当地气候、地形特点的空间形式。

2）建筑全生命周期

"建筑全生命周期"主要强调的是建筑对环境影响在时间上的意义。所谓"全生命周期"指的是产品从摇篮到坟墓的整个生命历程。因为建筑对环境的影响并不局限于建筑物存在的时间段里，从建筑材料的开采运输、生产过程，到建筑拆除后垃圾的自然降解或资源的回收再利用，都会对环境产生影响。因此，全生命周期的概念在绿色建筑的设计过程中应得到充分的重视。

3）节约资源，保护环境

绿色建筑强调最大限度地节约资源、保护环境和减少污染。根据我国国情，建设部（现名中华人民共和国住房和城乡建设部）提出了"四节一环保"的要求，即"节地、节能、节水、节材和保护环境"。例如，在建筑材料的选择和建造中，均要考虑资源的合理使用和处置，力求使资源可再生利用；在建筑的使用过程中，要充分利用可再生能源（如太阳能、风能、水能、生物质能、地热能等），采用节能的建筑围护结构等。

4）创造健康的使用空间

创造健康的使用环境是对绿色建筑的基本要求。但什么是"健康的环境"是一个复杂的问题，因为舒适并不等同于健康。在自然界中，我们通过采用各种措施来适应外部状况的变化——如冬季采取添衣、增加遮蔽、用干柴取暖等抵御风寒，这种调节作用是物理上的，某种程度也是心理上的，因为在调解过程中，我们正在做出积极的反应而使自身感觉更好。但是，现在建筑所创造的人工环境往往使居住者无法做诸如此类的调节，如暖气设备控制是固定不变的，窗户是不可开启的等。建筑这个"遮蔽所"在为人类提供安全、舒适的同时，又不同程度地阻隔了自然气候对人有益的作用，如温暖的阳光、充足的光线、新鲜的空气、柔和的清风、美丽的景色……因此，长期生活在人工空调环境里的人，身体对冷热的调节能力会下降，其鼻窦炎的发病率要比在自然空间里的人高出5倍以上。所以，绿色建筑在提高室内舒适度的同时，应能够更加亲近自然，满足人们生理和心理的需求。

发展绿色建筑的最终目的是要实现人、建筑与自然的协调统一。"绿色"是自然、生态、生命与活力的象征，代表了人类与自然和谐共处、协调发展的文化，贴切而直观地表达了可持续发展的概念与内涵。

**3. 绿色建筑的认证**

为了使绿色建筑的概念具有切实的可操作性，发达国家从1997年开始相继开发了适应不同国家特点的绿色建筑评估体系。通过定量地描述绿色建筑中节能效果、节水率、减少二氧化碳等温室气体对环境的影响、3R（即减少原料Reduce、重新利用Reuse和物品回收Recycle）材料的生态环境性能评价以及绿色建筑的经济性能等指标，为决策者和设计者提供决策依据。目前影响较大的绿色建筑评估体系有美国的LEED、日本的CASBEE、英国的BREEAM、德国的生态导则LNB、澳大利亚的建筑环境评价体系NABERS、挪威的EcoProfile、法国的ESCALE等。

我国也根据国情于2006年出台了《绿色评价标准》，用于评价住宅建筑和办公楼、商场、宾馆等公共建筑。评价指标体系由节地与室外环境、节能与能源利用、节水与资源利用、节材与材料资源利用、室内环境质量与运营管理 6 类指标组成。各大指标中又具体分为 76（住宅建筑）和 83（公共建筑）小项，包括控制项、一般项和优选项三类。其中控制项为评价绿色建筑的必备条款；优选项主要指实现难度较大、指标要求较高的项目。按满足一般项和优选项的程度，将绿色建筑划分为三个等级，见表 6-1 和表 6-2。

表 6-1　划分绿色建筑等级的项数要求（住宅建筑）

| 等级 | 一般项数（共 40 项） | | | | | | 优选项数（共 9 项） |
| --- | --- | --- | --- | --- | --- | --- | --- |
| | 节地与室外环境（共 8 项） | 节能与能源利用（共 6 项） | 节水与资源利用（共 6 项） | 节材与材料资源利用（共 7 项） | 室内环境质量（共 6 项） | 运营管理（共 7 项） | |
| ★ | 4 | 2 | 3 | 3 | 2 | 4 | — |
| ★★ | 5 | 3 | 4 | 4 | 3 | 5 | 3 |
| ★★★ | 6 | 4 | 5 | 5 | 4 | 6 | 5 |

表 6-2　划分绿色建筑等级的项数要求（公共建筑）

| 等级 | 一般项数（共 40 项） | | | | | | 优选项数（共 14 项） |
| --- | --- | --- | --- | --- | --- | --- | --- |
| | 节地与室外环境（共 8 项） | 节能与能源利用（共 10 项） | 节水与资源利用（共 6 项） | 节材与材料资源利用（共 8 项） | 室内环境质量（共 6 项） | 运营管理（共 7 项） | |
| ★ | 3 | 4 | 3 | 5 | 3 | 4 | — |
| ★★ | 4 | 6 | 4 | 6 | 4 | 5 | 6 |
| ★★★ | 5 | 8 | 5 | 7 | 5 | 6 | 10 |

　　在绿色建筑评价体系的指导下，各个国家根据各自的特点，建造了一些绿色建筑示范工程，加快了绿色建筑理念、技术及产品的发展和普及。

　　例如，英国的贝丁顿能源发展社区（BedZED），如图 6.39 所示，位于伦敦西南的萨顿镇，2002 年完工，是英国第一个，也是最大的绿色生态社区。它采用了高效的围护结构构造、太阳能发电、太阳能采暖、自然通风、节水等多项绿色技术（图 6.40），同一般住宅相比，住宅总能源需求降低了 60%，采暖能耗降低了 88%，用电量减少了 25%，用水量

图 6.39　贝丁顿能源发展社区

只相当于英国平均用水量的50%，而且居民每户每年可节省500英镑的能源开支。除此之外，BedZED还在废物利用、绿色交通等诸多方面有着全新的创举，充分体现了尊重自然、健康环保的绿色建筑理念。

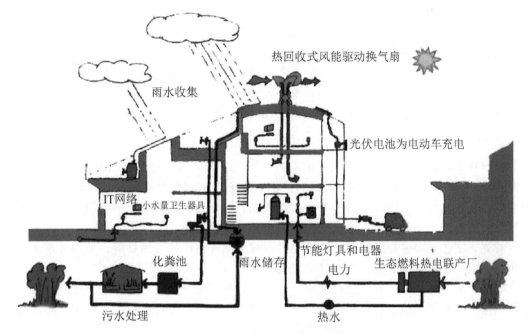

图6.40 贝丁顿社区住宅绿色技术利用示意图

# 6.3 建筑的安全性

## 6.3.1 灾害与建筑

自然界中的一切物质都处在运动和变化之中。物质的运动和变化能够释放出巨大的能量，造福于人类；但是，如果这种能量超出了环境的承受能力，它将走向反面，甚至会危及人类的生命和财产安全，成为一种灾害。自然界的灾害种类很多，有风灾、水灾、地震、旱灾、火灾等。在这些灾害中，有些是人类无法控制和避免的，如地震、风灾、水灾等；而有些灾害是可以预防和避免的，如火灾、爆炸等，当我们认识到灾害产生的原因和条件，就可以在生产和生活中设法消除这种隐患，尽量避免灾害的产生。

建筑的产生源于其可以为人类提供遮风避雨、抵御野兽攻击的安全场所，但当某些灾害发生的时候，建筑不仅不能用来给人类提供安全，反而会造成更大的伤害，如火灾、地震。当火灾发生时，如果是发生在野外的空地上，人们会很快地逃离火灾现场，至少不会造成人员的伤亡；但如果发生在建筑内部，由于建筑物内人群聚集，同时建筑本身的墙体、楼梯、门窗等构件会给人的逃离造成巨大的障碍，因此逃离火灾现场就会变得非常困难。当地震发生时，由于建筑倒塌而带来的伤害会远大于地震本身所造成的伤害，有人对世界上伤亡巨大的地震灾害进行过分类统计，其中95％以上的伤亡是由于建筑物、工程等破坏和倒塌造成的。由此可见，防火设计和抗震设计是建筑安全设计中的重点内容。

## 6.3.2　建筑的防火设计

人们在建筑物中从事各种生产、生活活动，经常是离不开火的，而且建筑是火灾燃料的集中地，因为建筑材料及装修材料中不乏一些易燃材料，如木材、塑料、针织物等。如果在建筑设计中忽视了防火设计，一旦发生火灾，就会造成巨大的财产损失，甚至危及人的生命安全。所以，建筑的防火设计是建筑设计的重要内容。

**1. 防止火灾的发生**

建筑防火的首要措施是防止火灾的发生。我国对防火的原则是："隐患险于明火；防范胜于救灾。"火灾不同于地震，当我们认识到火灾产生的原因和条件，它是可以预防和避免的。火灾的发生必须具备三个条件：点火源、可燃物和氧化剂。一切防火、灭火的措施均是针对这三个条件而采取的，即破坏三个条件同时存在。

首先，要控制可燃物的使用。用难燃材料或不燃材料代替可燃材料；如不可避免，就要用防火涂料涂刷可燃材料，改变其燃烧性能。

其次，要隔绝空气。氧气是最常见的氧化剂，它存在于空气中，一般的可燃物均可燃烧，但空气中如果供氧不足时燃烧就会停止。所以在生产易燃易爆物质时，应在密闭设备中进行，对于异常危险的生产，可充装惰性气体进行保护。

最后，要消除点火源。点火源的种类很多，有直接火源，如明火、电火花、雷击、摩擦火花等；还有间接火源，如加热自燃、本身自燃等。所以要根据点火源的种类，相应采取禁止烟火、隔离、避雷、控温等措施。

**2. 防止火势蔓延**

一旦发生火灾时，要能够防止火势的蔓延，减小火灾的危害。火势蔓延是指在起火的建筑物内，火由起火房间转移到其他房间的过程。其蔓延途径主要有内外墙、内外门窗口、楼板、各种孔洞、各种竖井管道等。所以，如何切断蔓延的途径是建筑防火设计的关键。

对于两栋建筑来说，需要达到一定的间距来防止火从一栋建筑转移到另一栋建筑，如果满足不了时，应设置无门窗的防火外墙，来遮挡对面的热辐射和冲击破坏的作用。对于一栋建筑来说，要想阻止火势蔓延应设置防火分区。所谓防火分区是指采用防火分隔措施划分出的、能在一定时间防止火灾向建筑其他部分蔓延的局部区域。防火分区的设置可以在一定时间内，把火势控制在一定的区域内，为人员疏散、消防扑救提供有效的时间。防火分隔物的种类有很多种，常用的主要有防火墙、防火门、防火窗、防火卷帘、耐火楼板等。

**3. 保护建筑结构**

在火灾中，保护建筑结构的完整性对于对减少人员伤亡和财产损失至关重要，尤其对于楼层越高的建筑，越要避免楼体倒塌。因此要提高建筑中各种结构构件的耐火性能，防止或者延缓坍塌的现象，以便楼内的人能够脱险，消防员有足够时间救火。

建筑是由许多建筑构件组成的，如基础、墙体、柱子、梁板、屋顶、楼梯等，建筑在火灾中的耐火性能直接由这些构件的燃烧性能和耐火极限所决定。由于建筑构件是由不同建筑材料所组成的，其燃烧性能取决于建筑材料的燃烧性能，分为不燃烧体、难燃烧体和燃烧体三类。建筑构件的耐火极限是指构件在按时间-温度标准曲线进行耐火试验中，从受到火的作用时起，到失去支持能力或完整性被破坏或失去隔热作用时止的这段时间。如果建筑构件选用不燃烧材料，如砖、混凝土、水泥等，是用土烧制成的，因而大火不会改变其化学构成，混凝土和水泥的成分中，大部分是水化结晶体，大火燃烧时，为了挥发结晶水分，它们会吸收大量的热，再加上其失水缓慢，整个过程就起到了抑制火势的作用。但并不是不燃烧体，耐火的时间就长，对于钢材来说，其本身属于非燃烧体，虽不燃烧，但在温度升高到 300～400℃时，强度很快就下降，达到 600℃时，则完全失去承载能力，从而导致建筑倒塌。所以，没有防火保护层的钢结构是无法达到防火的要求的。

### 4. 安全的疏散

所谓安全疏散，是指发生火灾时，建筑内的人员能通过专门的设施和路线顺利地从建筑中迅速而有秩序地疏散出去。特别是在高层建筑或人员密集的公共场所。根据火灾伤亡的统计数字显示，在火灾中大多数是因为没有可靠的安全疏散措施，所以不能及时疏散到安全的避难区域，因火烧、烟雾中毒和房屋倒塌而造成伤亡。因此，要想满足快速疏散，要有清晰的路线、足够的出口数量、合理的疏散宽度和疏散距离。

### 1）合理组织疏散路线

疏散路线是指人流的疏散轨迹，从房间内开始经走廊、楼梯直至室外出口。疏散流线和过程应做到简洁、可靠、安全。疏散流线越简捷，疏散时间就会越短，疏散环境对疏散的影响就越小。根据有关资料，在设计中，对于一、二级耐火等级的公共建筑，可能允许疏散时间定为 6 分钟，三、四级耐火等级建筑物允许疏散的时间可定为 2～4 分钟。所以，在设置疏散路线时，不宜布置成 S 形或 U 形，以保证在最短的时间找到安全出口，避免在慌乱中出错，耽误时间。

### 2）足够的安全出口数量

在防火规范中规定的安全出口分为两种：对于与地面相接的楼层，安全出口为直通室外地坪面的门；而对于其他楼层，建筑的安全出口就是疏散楼梯。在有电梯的建筑中，在发生火灾时，普通电梯是不能作为疏散通道使用的，因为发生火灾时，首先要切断电源，所以疏散楼梯成为重要的疏散通道。为保证公共场所的安全，小到一个房间，大到一个防火分区，都尽可能做到双向疏散，即至少应该有两个以上的安全出口，而且应设在建筑不同的位置，保持一定的距离。如果通向一个出口的通道被火堵住，还可选择另一个出口。

作为安全出口，首先应有明显的照明标志，能够清晰标识；其次，安全出口的门应当可以灵活开关，不致将人拒之门外；最后这些门一定要是开向疏散方向的，这样才不会对逃险的人流造成阻碍。

疏散楼梯作为非地坪层的安全出口对于 2 层以上的建筑防火意义重大，而且建筑越高，对楼梯的要求越高。疏散楼梯根据其防火能力可分为开敞式楼梯、封闭式楼梯和防烟式楼梯，如图 6.41 所示。开敞式楼梯隔火阻火的效果最差，在火灾时，楼梯间作为贯通的竖向空间像一座高耸的烟囱一样，具有巨大的拔烟能力。如一座 100 米高的建筑，在半分钟左右烟气就会通过敞开式楼梯间窜到屋顶。封闭式楼梯是在开敞式楼梯间的基础上增加了防火门，隔烟阻火的效果有了明显的改善。防烟式楼梯是在封闭式楼梯间的基础上又设置了前室，而且前室内有防、排烟设施。人们要通过前室才能进入到楼梯间，对烟火的进入又增加了一层阻隔措施，使疏散通道更加安全。对于疏散楼梯种类的选择，应根据建筑物的功能、重要性、层数及耐火等级等方面要求的不同进行确定。

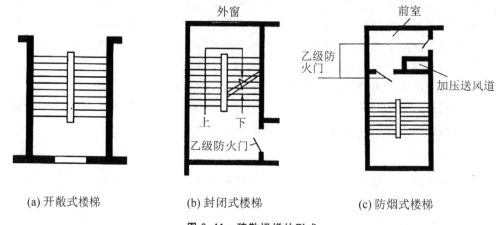

(a) 开敞式楼梯　　　(b) 封闭式楼梯　　　(c) 防烟式楼梯

**图 6.41　疏散楼梯的形式**

3）适当的疏散距离

从房间门到安全出口的距离，称为疏散距离，其长短将直接影响疏散所需要的时间。不同建筑类型所允许的最大疏散距离通常都有所差别，它与建筑服务的主体人群密切相关。如医院建筑和幼儿建筑，主要使用人群是病人和婴幼儿，由于该类人群行动较为缓慢，所以疏散距离明显短于正常人使用的建筑，见表 6-3。此外，疏散距离还与建筑的耐火等级、高度、层数等因素有关。

**表 6-3　民用建筑的安全疏散距离**

| 建筑物名称 | 房门至外部出口或封闭楼梯间的最大距离/m | | | | | |
|---|---|---|---|---|---|---|
| | 位于两个外出口或楼梯间之间的房间 | | | 位于袋形走道两层或尽端的房间 | | |
| | 耐火等级 | | | 耐火等级 | | |
| | 一、二级 | 三级 | 四级 | 一、二级 | 三级 | 四级 |
| 托儿所、幼儿园 | 25 | 20 | — | 20 | 15 | — |
| 医院、疗养院 | 35 | 30 | — | 20 | 15 | — |
| 学校 | 35 | 30 | — | 22 | 20 | — |
| 其他民用建筑 | 40 | 35 | 25 | 22 | 20 | 15 |

4）合理的疏散宽度

除了设置合理的疏散路线、足够的安全出口、适当的疏散距离外，疏散路线宽度的也是必须要考虑的问题，即疏散走廊、门和楼梯的宽度必须满足各类建筑物的宽度要求，避免人流在疏散过程中造成堵塞，延误逃生时间。疏散宽度与耐火等级、人流量、层数等都有密切关系，见表 6-4。

表6-4  学校、商店、办公楼、候车室等民用建筑底层疏散宽度指标  （单位：m/100人）

| 耐火等级 | | 一、二级 | 三级 | 四级 |
|---|---|---|---|---|
| 层数 | 一、二层 | 0.65 | 0.75 | 1.00 |
| | 三层 | 0.75 | 1.00 | — |
| | 四层 | 1.00 | 1.25 | — |

5. 有效的防火设备系统

除了在建筑设计上，还应在设备系统上提供有效的排烟、灭火及预警设计。例如合理采用防排烟方式，划分防烟分区，进行防排烟系统设计；在建筑中适当的位置设有应急灭火设备，如手提灭火器、固定水龙带等；在公共建筑中采用自动喷淋系统、水幕系统等灭火系统，在温度达到一定程度时，能够自动喷水进行灭火；在电气防火设计中要做好火灾事故照明和疏散指示灯设计，采用可靠的火灾报警控制系统和防雷装置等。这些设计都可以在火灾发生时，可以有效控制火势的蔓延，有效减少财务损失和人员伤亡。

## 6.3.3  建筑的抗震设计

1. 震级与烈度

地震是一种自然现象，人们通常所说的地震，实际上是构造地震，它是地球不断运动变化的一种表现结果。地震震级与地震烈度是描述地震现象的两个参数。地震震级就是地震级别，是表示某次地震能量大小的一种尺度。一般来说，小于2级的地震，人们感觉不到，称做微震；2～4级的地震，人们已有所感觉，物体也有晃动，称为有感地震；5级以上的地震，在震中附近已经引起不同程度的破坏，称为破坏性地震；7级以上的称为强烈地震或大地震；8级以上的称为特大地震。地震烈度是指某一地区受到地震以后，地面及建筑物等受到地震影响的强弱程度。对应于一次地震，表示地震大小的震级只有一个，然而各地区由于距震中远近的不同，地质情况不同，所受到的影响也不一样，因而地震烈度各不相同。一般来说，离震中区越近烈度越大，越远烈度越小。所以，地震震级与地震烈度是一种因果关系，震级是起因，烈度是后果。震级越大，地震烈度越高。

2. 建筑抗震设计原则

自古以来，地震灾害严重威胁着人类生命、财产的安全和社会经济的发展。全世界死于地震灾害的人数占各种自然灾害的54％以上，可谓群灾之首。例如我国1976年的唐山7.8级地震，数秒内将一座百年老城夷为平地，造成24万人死亡，16万人重伤，经济损失达百亿元。又如2008年5月12日的四川汶川8.0级大地震，造成将近7万人死亡，37万多人重伤，将近2万人失踪，经济损失达8000多亿元。但是，地震时所造成的人员死伤并不主要来自于地震本身，而是被震塌的建筑物、工程设施等所致。因此，建筑物的抗震设防对于降低地震灾害具有重要的作用。

我国是发展中国家，人口众多，科学技术不够发达，经济实力弱，公民的防震减灾意识与技能差，总体抗震能力不如发达国家，地震成灾率远远高于日本、美国等多地震国家。所以我国对建筑设定的抗震目标为：小震不坏、中震可修、大震不倒。

我们在建筑物抗震设计时要考虑以下要素。

（1）选择对抗震有利的场地和地基。场地条件与建筑的抗震能力有密切关系，应避免在地质上有断层或断层交汇的地带，特别是有活动断层的地段进行建设。

（2）合理规划，避免地震时发生次生灾害。有时，次生灾害会比地震直接产生的灾害所造成的社会损失更大。在地震区的建筑规划，应降低建筑的密度，以便为地震发生后的人口疏散和营救，以及为抗震修建临时建筑时留有余地。烟囱、水塔等高耸构筑物，应与居住建筑保持一定的安全距离，以免震后倒塌，砸坏其他建筑。

（3）选择合理的抗震结构方案。房屋的平、立面宜采用简单的体形，如果使用不规则的体型，在水平荷载作用下，转角处应力集中，易于破坏。立面上如果各部分参差不齐，或质量悬殊、刚度突变的，地震时也容易发生局部严重破坏。

（4）保证结构整体性，并使结构和连接部分具有较好的延性。整体性的好坏是建筑物抗震能力高低的关键。整体性好的建筑，除构件本身具有足够的强度和刚度外，构件之间还要有可靠的连接。构件的联结除必须保证强度外，还要求能保持相当的继续变形的能力——延性。结构的延性对结构吸收地震力的能量，减少作用在结构上的地震力具有重要的意义。

（5）减轻建筑物自重，降低其重心位置。建筑物所受地震荷载的大小和它的自重成正比，减轻建筑物自重是减少地震荷载最有效的途径，也是最经济的措施。所以尽量采用轻质材料来建造主体结构和围护结构。另外，应使建筑的重心尽量降低，避免头重脚轻。

（6）保证施工质量。施工质量的好坏，直接影响房屋的抗震能力。设计中一方面要对材料质量、强度、临时加固措施、施工程序等提出要求；另一方面，也要从设计上为使施工中能保证技术和便于检查创造条件，以确保施工质量。

# 本 章 小 结

本章主要介绍建筑在受力及结构方面的稳定性，建筑调节环境因素影响的舒适性，以及建筑抵抗常见灾害的安全性。

# 思 考 题

1. 本章所介绍的结构类型中，你最感兴趣的是哪种？
2. 在现实生活中，找出结构造型有特点的建筑，并加以分析。
3. 影响建筑舒适性的原因是什么？怎样的建筑才是适合人类居住的？
4. 通过学习，描绘一下你理解的绿色建筑是怎样的。
5. 试想一下，灾害来临时，建筑中的人们会如何逃生？

# 第**7**章
# 建筑与城市

**教学目标**

通过了解建筑单体与城市设计、城市规划的关联，理解建筑与环境的融合性和连通性，建立延续地域自然及人文脉络、保护场所精神的建筑设计思想。

**教学要求**

| 知识要点 | 能力要求 |
|---|---|
| 建筑单体与城市的关系 | （1）理解建筑外部空间的概念<br>（2）了解建筑与城市自然环境的关联<br>（3）了解建筑与城市人文环境的关联 |
| 建筑设计与城市设计的关系 | （1）理解黑白底图分析方法<br>（2）理解建筑设计与城市设计的关联要点 |
| 建筑设计与城市遗产的关系 | （1）明确了解城市遗产对建筑设计的启示<br>（2）建立对城市遗产进行保护的设计思想<br>（3）通过实例强化城市保护与更新的概念 |

引言

建筑大多存在于城市之中，是构成城市不可或缺的元素之一，其单体的形态及各单体彼此的组织，直接影响到城市的形态及发展，因此，建筑与城市有着密不可分的关联，本章我们将针对建筑与城市的主要问题进行具体讲解。

## 7.1 建筑单体与城市的关系

如果把城市看做是空间的组合体，那么建筑单体空间就是构成城市的最小单位，由若干单体组合构成街区，街区又通过道路等交通空间和绿地自由空间的连接组合成城市。因此，建筑与城市可以看做是单体嵌合于整体的关系。

### 7.1.1 建筑单体的外部空间环境

通过地板、墙壁、天花板等实体要素限定围合形成的建筑，在创造其内部空间的同时也创造了外部空间。与大自然形成的无限外部空间不同，建筑单体的外部空间是"没有屋顶的建筑"，它具有空间形成的目的性，由建筑的外墙面、庭院、坡道、引路或构筑物等限定而成，如图 7.1 所示为自然空间与巴黎 les Halles 综合体外部空间的对比。建筑单体与它的外部空间以及周边的城市环境产生直接的关联，恰当利用这种关联可以成就一个优秀的建筑作品，反之，建筑将与环境格格不入、与城市存在隔阂。

图 7.1　自然空间与巴黎 les Halles 综合体外部空间的对比

　　建筑单体的外部空间内容丰富，以构成的元素来说，有结合建筑外立面砌筑的短墙、透明的玻璃体、行列的柱子等竖直分割外部空间的元素；也有各种形式的台阶、坡道、下沉广场、升高的基面等变化水平方向高度产生空间的元素；还有绿色植被这一重要元素，经常用来与其他材质及构筑物交相辉映，形成和限定外部空间。以构成的类型来说，建筑外部空间可以按使用性质分为公共空间和私密空间，商场、剧院、体育场等建筑前供人流疏散的广场就是建筑外部的公共空间，而小住宅中供家人日常生活的庭院则是建筑外部的私密空间；按界面围合形式，外部空间分为半封闭空间和开敞空间；按使用功能，外部空间分为动态线性空间和静态停留空间，通常半封闭的空间围合出相对适宜人逗留的积极空间，而开敞的空间所带来的是不安定的消极发散空间，存在于其中的人流动性较大（图 7.2）；按限定空间性还可分为肯定空间和模糊空间等，肯定空间即明确分隔框定的外部空间，如建筑外墙围合成边界整齐明显的庭院，而模糊空间又称为灰空间，如柱廊、地灯、树带等元素组成的界线，它们一定程度上划分了空间，但分开的两部分却隔而不断。

图 7.2　半封闭围合的积极停留空间和开敞的消极流动空间

从环境心理学的角度来看，外部空间的产生带给人们一定的心理暗示，建筑的外部空间与内部空间相同，使用者的参与是构建外部空间的核心目的。著名的建筑评论家、设计师伯纳德·屈米（Bernard Tschumi）认为建筑师不仅仅是设计某种形式，而是创造社会性的公共空间。他的作品拉·维莱特公园（图7.3和图7.4），由建筑与构筑物相互配合，设计出充满生机与活力的情景空间，促使事件在设计空间的内部自行发生。

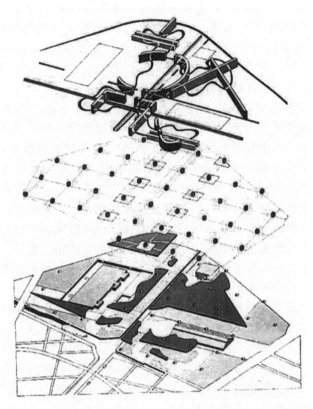

图7.3 拉·维莱特公园柱、墙、坡道等构成建筑外部空间元素

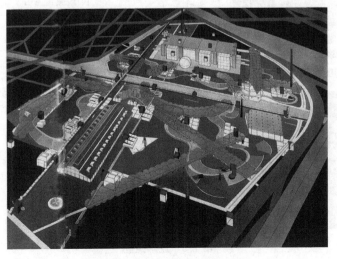

图7.4 拉·维莱特公园鸟瞰

## 7.1.2 建筑单体与自然环境

著名挪威城市建筑学家诺伯舒兹(Chris Tiannorberg Schulz)在1979年提出了"场所精神"(Genius Loci)的概念。"场所"这个词在英文的直译是Place，广义可以理解为"土地"(Land)或"脉络"(Context)，它是记忆的一种物体化和空间化，也可以解释为"对一个地方的认同感和归属感"。对于一个建筑物的设计不单纯局限在建筑单体设计本身，"建筑像植物一样，是从土壤中生长出来的"，自然界中的地景(Landscape)，是一种具有延伸性和包容性的场所，建筑设计方案首先要从周边场所的自然环境所提供的暗示中汲取生成要素，实现新设计与原环境的和谐对话与融合。

自然环境涵盖待建地块的基本信息、景观特征、地形地貌、单体周边与之相关的街路、区域及城市组群要素等。分析所设计方案与该地段自然环境的关系，待建建筑在此环境中所扮演的角色等，从中整理出方案生成的线索。日本建筑师桢文彦曾强调："对客观的环境条件不要简化及歪曲，所有条件对建筑的构思都是有合理的意义，要积极摄取。"借助于大师作品流水别墅(图7.5)的诞生，我们可以更清晰地了解这样的设计理念：1934年，考夫曼邀请著名建筑师赖特在宾夕法尼亚州匹兹堡市东南郊的熊跑溪设计一座周末别墅，那里远离公路，高崖林立，草木繁盛，溪流潺潺。赖特说熊跑溪的基址给他留下了难忘的印象，尤其是那涓涓溪水。他要把别墅与流水的音乐感结合起来，并急切地索要一份标有每一块大石头和直径6英寸(1英寸=2.54厘米)以上树木的地形图。图纸送来后，他未曾落笔冥思苦想，直到半年后的一天，他急速地在地形图上勾画了第一张草图，别墅已经在赖特头脑中孕育而出。他描述这个别墅是"在山溪旁的一个峭壁的延伸，生存空间靠着几层平台而凌空在溪水之上——一位珍爱着这个地方的人就在这平台上，他沉浸于瀑布的响声中，享受着生活的乐趣"。他为这座别墅取名为"流水"。按照赖特的想法，"流水别墅"将背靠陡崖，生长在小瀑布之上的巨石之间，水泥的大阳台叠摞在一起，它们宽窄厚薄长短各不相同，参差穿插着，好像从别墅中争先恐后地跃出，悬浮在瀑布之上。那些悬挑的大阳台是别墅的高潮。在最下面一层，也是最大和最令人心惊胆战的大阳台上有一

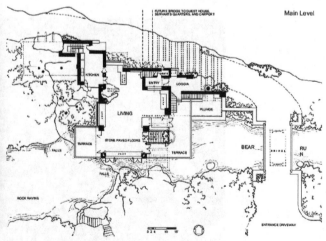

**图7.5　流水别墅**

个楼梯口，从这里拾级而下，正好接临在小瀑布的上方，溪流带着潮润的清风和淙淙的音响飘入别墅，这是赖特永远令人赞叹的神来之笔。平滑方正的大阳台与纵向的粗石砌成的厚墙穿插交错，宛如蒙德里安高度抽象的绘画作品，在复杂微妙的变化中达到一种诗意的视觉平衡。室内也保持了天然野趣，一些被保留下来的岩石好像是从地面下破土而出，成为壁炉前的天然装饰，一览无余的带形窗使室内与四周浓密的树林相互交融。自然的音容从别墅的每一个角落渗透进来，而别墅又好像是从溪流之上滋生出来的，这一戏剧化的奇妙构想是赖特构建有机建筑的宣言，流水别墅建成之后成为建筑与自然环境融合的经典案例而名扬四海。

通过鸟巢项目为国人熟知的赫尔佐格和德梅隆事务所，从默默无闻到声名鹊起凭借的是美国加利福尼亚的纳帕谷地葡萄酒酿造厂项目（图 7.6）。纳帕谷地长 48 千米，宽 8 千米，是一个丘陵地带，全年气候温和，光照充足，早晚温差大，雨量较少，土壤富含多种矿物质，适宜种植酿酒葡萄。设计之初两位建筑师首先考虑到的是自然因素对建筑的影响，并试图建造一栋能够适应并利用这里气候特点的建筑，他们想使用当地特有的玄武岩作为表皮材料，这样白天阻隔、吸收太阳热量，晚上将其释放出来，可以平衡昼夜温差。但附近可以采集到的天然石块却比较小，无法直接使用。于是他们设计了一种金属丝编织的"笼子"，把形状不规则的小块石材装填起来，形成尺寸较大的、形状规则的"砌块"，把它砌筑在混凝土外墙和钢构架上，形成建筑表皮（图 7.7）。这些石头有绿色、黑色等不同颜色，与周边景致优美地融为一体。根据内部功能不同，金属铁笼的网眼有不同大小的规格，大尺度的可以让光线和风进入室内，中等尺度的用于外墙底部以防止响尾蛇从填充的石缝中爬入，小尺度的用在酒窖和库房的周围，形成密实的遮蔽。这种被赫尔佐格和德梅隆称为"石笼"的装置，具有一种变化的透明特质，好像给建筑披上了一件外套，具有大地艺术的感觉（图 7.8）。

图 7.6 葡萄酒酿造厂

图 7.7 建筑的"石笼"表皮

另外，由法国多米尼克·佩罗（Dominique Perrault）事务所 2004 年设计的韩国首尔梨

图 7.8　葡萄酒酿造厂建筑的外观

花女子大学"校园谷"项目，也是结合周边自然环境的成功范例（图 7.9）。该大学历史悠久，于 1886 年由美国监理教传教士夫人 Mary Scranton 女士设立，是韩国第一所女子大学。随着学校规模的不断发展壮大，有限的校园内狭小的教学空间已不能满足大学的运行，扩充使用空间成为亟待解决的问题。Dominique Perrault 事务所接到设计后，在校园既有建筑之间寻找可建空隙，最终结合校园山体地形做下沉式处理，最大可能地创造空间，设计出"校园谷"这一覆土建筑，该项目占地 20000 平方米，内部包括教室、行政办公室、图书馆、自助餐厅、一个独特的商业空间、剧院和零售商店等，建筑屋顶覆盖绿色景观，在保持原有地势生态环境的基础上，为学生提供了继续教育和服务的空间（图 7.10）。

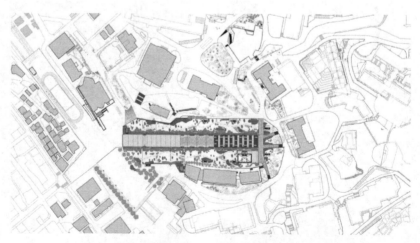

图 7.9　韩国首尔梨花女子大学"校园谷"总平面图

图 7.10 "校园谷"的外部与内部

### 7.1.3 建筑单体与人文环境

提到城市人文环境，需要引入"context"这一概念，"context"的英文原意为文章中上下文场景之间的承接关系，在建筑与城市设计中，被引申为一个事物在时间和空间上与其他事物的关系，通常被译作"文脉"，即文化的脉络。一座城市的文脉是它从诞生、发展、演进的历史节奏中沉淀出的生活方式、风俗习惯、宗教信仰等文化的烙印。在北京，这种文脉的标签在四合院的庭院里、在胡同艺人的手心间、在壮丽的紫禁城中、在庄严的天安门广场上、也在各种京式小吃的香味里；在苏州，文脉的标签在小桥流水人家里、在园林如画的风景中、在诗词评弹的曲韵中；在厦门、拉萨、乌鲁木齐，城市文脉的标签又在对妈祖、班禅、阿拉的顶礼膜拜。各个城市的标签不同，区别了彼此间的样貌，所以文脉也是一座城市的记忆，是体现城市特征的灵魂，是城市最重要的个性标志。

城市的文脉是新建筑存在的背景，在一座城市中建造新的建筑，一方面需要充分地理解、应用、传承待建环境场地的文脉特征；另一方面，城市的文脉也会成就优秀的建筑作品。著名的华人建筑师贝聿铭先生出生于苏州，早年对于这座城市文脉的理解感染着他晚年苏州博物馆的设计。设计时他"考虑到苏州作为一个文化古城，博物馆不能够太过沉重，不要粗重高大，而是要轻巧、灵便、精致，这样才会和苏州整体的风貌比较统一，但是又不能完全相像"。为此，贝聿铭为新馆确定了一个叫做"中而新，苏而新"的设计理念，以及被称为"不高不大不突出"的设计原则。形态色彩和周围建筑保持一致，在庭院的处理上，保留了很多和苏州过去的园林相似的地方，但在反映园林文化的同时，又并不是照搬过去的形式，而是将许多苏州传统的文脉通过一种新的艺术形式表达出来。在作品中我们不难发现白色粉墙成为博物馆新馆的主色调，以此把该建筑与苏州传统的城市机理融合在一起。博物馆屋顶设计源于苏州传统的飞檐翘角坡顶景观，而新的屋顶又被重新诠释并演变成一种新的几何效果。在室内，玻璃屋顶与石屋顶相互映衬，使自然光进入活动区域和博物馆的展区，引导使用者的参观流线。玻璃屋顶和石屋顶的构造系统也源于传统的屋面系统，曾经的木梁和木椽构架系统被现代开放式钢结构、木作和涂料组成的屋顶所取代。庭院和内院布局延续园林场所的精神，衔接拙政园的庭院将新旧园景融为一体，门窗连廊也烘托出苏州古典园林建筑的艺术氛围(图 7.11)。

**图 7.11　苏州博物馆运用现代技艺表达古典园林的场所精神**

　　中国建筑师王澍即是凭借多年坚守对文脉传承的设计理念获得了 2012 年普利兹克建筑奖。最能体现他建筑观点的建筑实践，非中国美院象山校区莫属。中国美院院长许江慧眼识珠，将整个新校区交给王澍来做，而王澍也没有辜负其信任，并没有将位处中国最具诗情画意的城市杭州的中国美院新校区做成当代大学统一的现代建筑规划模式，而是将其打造成一个具有桃花源般美丽的、具有传统田园特质的新型校区。在象山校区中，王澍抛弃了现代建筑经典规划手法，去除了没有现场意义的轴线关系、对称关系等手法，而是将周围环境作为建筑规划的最大依据，从而形成了自由的、外松内紧的、拥有清晰场所关系的规划模式(图 7.12)。

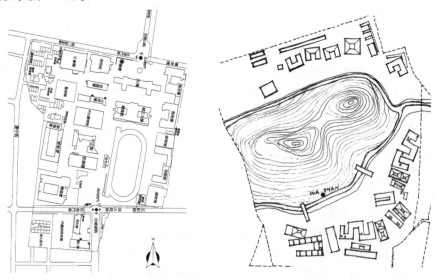

**图 7.12　一般大学(左)与中国美院象山校区(右)校园总平面对比**

"中国的山与建筑的关系，从来不是景观关系，而是某种共存关系。从外看塔，密檐瓦作压暗塔色，檐口很薄，材料与山体呼吸，塔如吸在半山，在如象山般多雾的气候中，塔甚至完全隐匿，变得很轻。那一刻，我明白了庞大坡顶建筑可能的立面做法，一种内外渗透性的立面，而那塔的轻和隐匿让我看见了象山校园的返乡之路。"王澍在校园内将现代大学教育建筑与古老的中式场所情节紧密地联系在一起，抢救性地使用了因城市化而拆除的传统建筑的旧砖瓦，建筑造型上也试图用一种饱含传统记忆而又简洁优美的造型来达成其建筑与场地的关系（图7.13）。普利兹克奖评委会主席帕伦博勋爵曾经这样评价王澍："他的作品能够超越争论，并演化成扎根于其历史背景永不过时甚至具世界性的建筑。"

图7.13　中国美院象山校区内具有中国文脉特征的建筑

一座城市的文明除了生活居住带来的文化脉络外，还有社会生产所带来的工业文明，作为推动城市运转的生产力，它所留给城市的烙印更为深刻通透。天津万科水晶城项目选址于天津市区南部，梅江南生态居住区的卫津河东岸，原天津玻璃厂厂址，是中国住宅产品的第一个专利奖项，也是中国第一个以保留工业时代历史遗迹为主题的大型社区（图7.14）。万科对于该地块的开发则是立足于延续历史的角度，保持原有建筑的历史风貌，巧妙地将几百棵大树、既有古老的厂房、巨大的吊装车间、狭长的调运铁轨、高耸的烟囱等原有的丰富植被和工业人文资源融入到新建项目当中。例如600棵大树形成的旧厂区林荫路和花园，在新的规划中被保留下来；吊装车间被赋予现代材料和形式，激活成为晶莹剔透的社区会所；老的铁路和水塔则渗透在景观的规划中，成为标志性的要素。从开发理念到规划理念，到建筑设计理念，水晶城体现了三项原则：对比、叠加、保留，这使得工业时代的印记穿越历史以住宅小区为载体重新呈现在世人面前。水晶城对历史、对城

图7.14　天津万科水晶城内保留的工业文脉

市文化、对当代建筑特征给予了更深刻的关注：在打造完全当代的城居建筑的同时，成为整个城市工业文脉的重要延续。天津万科的负责人单小海曾这样说道："近20年来，中国的地产商们创造了很多新的东西：越来越多的小区，景观，概念……但有一样是开发商无法凭空创造的，就是历史。"

# 7.2 建筑设计与城市设计

城市肌理是指城市的特征，也即城市与其他城市的差异，包括形态、地质、功能等方面。具体而言，包含了城市的形态、质感色彩、路网形态、街区尺度、建筑尺度、组合方式等方面。城市的肌理是建筑组合形式的总体反映，它既包括建筑平面形态，也包括建筑外部城市空间形态。通过了解城市的自然、经济、人文等方面的发展变化，可以帮助设计师掌握城市肌理演变的脉络。当然，城市设计领域还有如下文提及的专业方法，来分析研究城市的肌理，为城市未来的发展和建筑设计提供帮助。

## 7.2.1 建筑单体与黑白底图分析

图与底是心理学中的一对概念。当两种不相同的物质在人的视野内同时出现时，所得到的体验总有一种占主导的地位，称为图，另一种弱化成背景，称为底。用艾加特·鲁宾（Edgar Rubin）的杯图来举例说明（图7.15），在知觉图像中，高脚杯与二人相对的侧影是可以互换的。这种"图形与背景"（Figure and Ground）的关系早在18世纪就开始运用到建筑与其所围合的城市空间分析中，1748年由詹巴迪斯塔·诺利（Giambattista Nolli）绘制的罗马城地图，即开创了城市黑白图底的先河，地图中墙、柱和其他实体涂成黑色，而把外部空间留白，将当时罗马的城市肌理及建筑与外部空间的关系便和盘托出（图7.16）。从图中我们看到，建筑物覆盖密度明显大于外部空间，因而公共开敞空间很容易获得完整的空间形态，有利于创造出供民众停留、聚会、活动的积极空间，这种通过黑白两色对城市空间肌理进行的分析，简称黑白图底分析。

图7.15 艾加特·鲁宾的杯图

图7.16 1748年诺利绘制的罗马城地图

　　建筑是城市空间最主要的构成因素之一，在城市中，建筑物的体量、尺度、比例、色彩、造型、材料、空间等对城市空间都会产生直接的影响。通常，建筑之间只有组成一个有机群体时，才能对城市环境空间做出贡献。因为，城市环境形态与建筑形态是图底关系，建筑包围着城市空间，城市空间也围合出建筑形态，他们是相互衬托、相互围合的关系。因此，建筑的设计需要首先将城市形态纳入考量的范围，配合城市的肌理发展才能创造出适合该城市的建筑。

　　以巴黎的城市与建筑为例，19世纪中叶，拿破仑欲把巴黎建成他和法兰西军队的功德碑，并认为一切妨碍实施"宏伟构想"的旧建筑都应该推倒，提出了拓宽马路建设林荫大道的创造性设想，还要修建大广场和大纪念碑，这才形成了今天我们所见的以戴高乐广场（又称星形广场）为中心，放射状交通网、主轴线与塞纳河平行的巴黎旧城市格局，以黑白底图来做分析，可以清晰地看出被放射形道路切割的四面围合为主的街区形态，构成了城市的主要实体，导致建筑形体在交通路口出现异形转角（图7.17）。在20世纪50年代末至60年代初，巴黎迎来了人口增长的高峰，1961年随着巴黎的扩大，这座城市开始了旧城改造。新的规划方案特别注重对城市内涵的改变，规定不再增加居住密度，工业、金融业等都将按照计划迁出中心区，在大巴黎地区沿着塞纳河向下游地区发展，形成带状城市。规划打破了单一中心模式，建设了以拉德芳斯区（La Défense）为代表的卫星城市中心，有效地吸引了大量的工业、金融业和人口迁出中心区。拉德芳斯新区位于从卢浮宫、协和广场、香榭丽舍大街一直到凯旋门这条轴线的西端（图7.18），被称作"巴黎的曼哈顿"。20世纪20年代，法国建筑大师勒·柯布西耶曾设想沿这条"伟大轴线"的建筑高度不得超过100米，但现在的实施中早就超过了180米，在更新的规划中，计划建造一座400米高的摩天大楼。那里集中了法国最大的20个财团中的12家总部，许多外国大公司总部也设在拉德芳斯区。拉德芳斯区的标志性建筑是大拱门，它奇特的造型带领着众多新潮大厦，彻底改变了巴黎的天空，这座建筑集古典建筑的艺术魅力与现代化办公功能于一体，是建筑艺术史上的一个奇迹。大拱门占地5.5公顷，大拱门南北两侧是高110米、长112米、厚18.7米的塔楼。两个塔楼的顶楼里是巨大的展览场所，顶楼上面的平台是理想的观景台。从顶层平台向远方眺望，既可以看到近处布劳涅森林和塞纳河的风光，也可以看到远方巴黎城区的景色。建筑师把这一标志性的大拱门建筑建造在象征着古老巴黎的凯旋

**图7.17　巴黎城市肌理形态**

门、香榭丽舍大道和协和广场的同一条中轴线上，让现代的巴黎和古老的巴黎遥相呼应，相映成辉(图 7.19)。经过 16 年分阶段的建设，拉德芳斯区已是高楼林立，成为集办公、商务、购物、生活和休闲于一身的现代化城区。这里成了现代巴黎的代表，充满了生机与活力(图 7.20)。法国的蓬皮杜总统以倡导修建新建筑而闻名，他对高层建筑的理解也有独到之处，他曾对法国《世界报》说："我觉得在一个小村庄或小城镇里建造高层建筑，甚至建造中等高度的楼房都是不合理的，事实上是大都市的现代化导致了高层建筑。在法国，特别是在巴黎，反对高层建筑完全是一种落后的偏见。高层建筑的效果如何，这要看它的具体情况而言，也就是说取决于它的位置，它与周围环境的关系，它的比例尺度，它的建筑形体以及它的外表装修。"巴黎的新生，取决于拉德芳斯等新区的发展保留了对传统城市风貌的保护，延续了城市肌理并另辟蹊径，创造了适宜现代建筑发展的城市空间，成为建筑与城市融合的典范。

图 7.18　巴黎城市肌理的黑白底图分析

图 7.19　从戴高乐广场凯旋门眺望拉德芳斯大拱门

图 7.20　拉德芳斯大拱门夜景

## 7.2.2　建筑单体与规划要求

　　根据城市发展的形态肌理特征，城市规划部门制定了强制性城市规划法规条例，这些硬性规定是在对城市进行严谨综合的研究后得出的结论，对建筑单体的设计具有指导和促进作用，因此，设计之初，研究清楚规划部门的规定是建筑设计的首要前提。比如建筑须退让待建地块的建筑红线(图 7.21)，无论建筑的立面体型如何，都必须要满足规划的此项要求；此外建筑还要退让于水源、河流、古树、古建筑、高压走廊、光缆等进行建造；为满足采光日照要求，规划部门还规定建筑要保证一定的日照间距，根据我国建筑气候区划图，寒冷地区住宅、托幼、养老等建筑日照间距较大，炎热地区则相反，此外建筑的间距还同消防有关；规划条例对于建筑高度的控制，一方面是出于日照光线、自然灾害、消防因素或航路控制等安全方面考虑；另一方面，是考虑到城市空间的景观视线，如天安门广场周边建筑高度，需要结合故宫建筑群和政治性文化活动广场进行控制(图 7.22)。此外，根据不同的建筑性质、所处环境、周边建筑等因素，都会产生不同的城市规划要求。在设计阶段的工作中，建筑师可以同使用者和规划部门充分交换意见，最后使自己所设计的建筑物取得规划部门的同意，成为城市有机整体的组成部分。

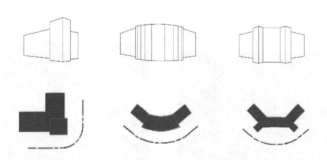

图 7.21　建筑须退让待建地块的建筑红线

图 7.22　天安门广场周边建筑高度有所控制

### 7.2.3　建筑单体与城市特征

1. 建筑单体组成的城市天际线

我们先将以下的一组城市照片进行比对(图 7.23～图 7.25),会很快地发现,尽管都是由高楼大厦鳞次栉比所组成的城市,但其间还是存在差别的。原因在于,组成城市天际线的每一幢建筑单体的立面不同。建筑立面是对建筑外观所做的正投影,投影外边缘围合的轮廓线即为立面的外轮廓线。人们通常是以天空为背景,通过建筑立面外轮廓线来远距离识别建筑物的,因此它是反映建筑形象的重要标志。影响外轮廓线形状的首要因素是建筑的使用功能,例如博览类建筑的展览大厅由于展示需要,通常层高要高于辅助空间,观展类建筑的舞台部分要高于入口大厅等,这就导致此类建筑的外轮廓高低起伏变化较大,而不同于一般居住类建筑;其次,建筑结构形式也影响建筑外轮廓线的形状,传统的中国木结构建筑在外轮廓处理上,特征明显地采用大屋顶配以曲线的形式。近现代建筑随着结构技术的发展,出现了壳体结构、网架结构、悬索结构等多样化的结构形式,建筑的外轮廓线也随之得到了更丰富的变化。

图 7.23　上海

图 7.24　纽约

图 7.25　法兰克福

原始的天际线是天地之间的边际线，而建筑的外轮廓彼此连接，形成了城市人为的天际线，它带给每个城市独特的广阔景观。在城市规划理论中认为，天际线具有直觉直观的人文特点、审美特点、标识特点和造型特点。城市若是一个人的肌肤，天际线则是服饰包装，因而，在天际线的定义里，就格外地赋予了美学的最大化内涵。天际线应该表达海市蜃楼般的美轮美奂。在中国，传统的城市规划思想，突出了城市的中心街区性和政治、经济、文化的集中辐射性。所以，在中国的旧城中，最繁华的地段和最精美的建筑，几乎都在这一城市的中轴线上。

在很多城市，自然和人文的著名历史遗存都比较丰富，成为城市自古以来特有的历史文化名片，但是，随着城市高大建筑的不断增高和增多，城外的高塔看不见了，城外的山脉看不见了，城外的古楼看不见了，人们的城市视线落点也仅仅只能是水泥和钢筋堆砌的建筑天际线，这是一种城市之美的严重缺失。在城市建设中淡化天际线意识，不但会给城市美感带来审美疲劳，也会造成城市无法挽回的美学损失。英国南部朴次茅斯的三角中心(Tricorn Centre)建造于 20 世纪 60 年代(图 7.26)，其建筑师欧文·路德是著名的现代派建筑大师，曾两度当选英国皇家建筑师学院院长。他曾经凭借着三角中心——这个包括商店、公寓楼、酒吧和公园在内的"空中市场"层叠式建筑群，获得过"民众信任大奖"的"最佳视觉组合奖"。《女王》杂志称之为"英国最令人兴奋的建筑之一"，《星期日泰晤士报》的评价是："用增强效果的水泥创作的异域风情画，使用塔楼、金字塔和尖塔营造出东方式的感觉——具有北非要塞卡斯巴的品质。"然而，随着城市的变化，时代的变迁，它被评为英国第四丑陋的建筑。在饱受唾弃和咒骂数十年后，三角中心终于在 2004 年 3 月被拆除。究其由成转败的原因，是因为建筑污染了人们的视线，令人感到压抑，建筑单体破坏了城市的天际线，与城市周边的历史建筑产生越来越大的差异(图 7.27)。英国记者理查德·吉尔德指出，实际上，一个城镇中心的好坏在很大程度上取决于建筑能否适时适宜地配合城市，精美的建筑将会因为丑陋的"邻居"而失去光彩。

图 7.26　朴次茅斯的三角中心

图 7.27　三角中心的周边环境

## 2. 建筑单体组成的城市沿街立面

建筑单体除了外轮廓对城市的天际线产生直接影响外，建筑的沿街立面也直接左右城市的特征。罗马广场(Römerberg)是自中世纪以来法兰克福的市政厅广场，最早这里是城市的集市中心，到中世纪时已成为城市里最大的广场，是今天老城的中心。广场最具特色的是四周由市政厅等传统木骨架建筑围合而成，建筑底层由柱廊相互连接形成人行半封闭虚空间，建筑的立面协调统一，透露出雌雄榫连接在一起组成的结构形式，屋顶的人字形山墙左右相连(图 7.28)。与这个著名广场毗邻的希恩艺术馆(Schirn Kunsthalle)，于 1983年由德国 BJSS 建筑事务所设计，1986 年竣工开放。在老城区中的新建筑沿袭了原有广场老建筑的立面风貌，屋顶为大面积双面坡顶，使得朝向广场一侧的立面山墙与老建筑的人字山墙相统一(图 7.29 和图 7.30)，骑楼的设计延续了自由步行的长廊，使建筑从立面形式到立面功能都符合罗马广场这一城市会客厅的立面特征。

图 7.28　罗马广场木骨架建筑

图 7.29　希恩艺术馆与木骨架建筑的人字形山墙

图 7.30　希恩艺术馆的立面

# 7.3 城市遗产与建筑设计

随着全球一体化进程的加速，世界上大型城市的建筑越来越呈现出趋同性，致使城市的面貌也趋于相同。通过以下两组照片(图 7.31 和图 7.32)的对比可以感受到城市的风貌特征的差别和趋同。一座城市的特征是其社会文明的集中体现，城市的深厚历史渊源反映了其发展的文化脉络，是留给人类的宝贵遗产，保护和继承城市脉络、抵制全球一体化的趋同性、强化城市特征是一名建筑设计者应当具备的社会责任。

(a) 北京古城　　　　(b) 巴黎古城　　　　　(a) 北京新城　　　　(b) 巴黎新城

图 7.31　北京与巴黎的古城对比　　　　　图 7.32　北京与巴黎的新城对比

## 7.3.1 城市保护与建筑设计

我国从 1982—2009 年陆续公布的历史文化名城有 111 座，此外还有历史文化名镇、名街和名村。从狭义上讲，历史文化名城的保护是指对传统建筑或街区的复原或修复及原样保存，以及对城市总体空间结构的保护的方法；从广义上讲，还包括对旧建筑和历史风貌地段的更新改造，以及新建筑与传统建筑的协调方法、文脉继承、特色保持等问题。保护历史古迹和历史地段，延续古城的传统格局和风貌特色，继承和发扬历史文化传统，已经写入人类历史城市保护的条例乃至法规当中。

哈尔滨的索菲亚教堂又称为圣·索菲亚教堂，是远东地区最大的东正教堂。始建于1907年3月，是沙俄东西伯利亚第四步兵师修建的随军教堂。1912年改建成砖木结构教堂(图7.33)。1923年9月，圣·索菲亚教堂易地现址进行第二次重建，由俄罗斯建筑师克亚西科夫设计，历时9年，1932年落成。1996年经国务院批准，被列为第四批全国重点文物保护单位。教堂是如今中国保存最完美的典型拜占庭式建筑，这座诞生近百年的建筑宏伟壮观，古朴典雅，充溢着迷人的色彩，其建筑采用传统建筑方法，整个广场凝聚着音乐的优美旋律与建筑的智慧之光(图7.34)。教堂广场地下建有现代化专业展馆，近千幅美的图片展示着文化名城哈尔滨的历史、现状与未来。为了保护这座历史建筑，1997年5月，哈尔滨市政府作出了修复索菲亚教堂的决定，动迁了周围民宅、店铺摊位，消除火灾隐患经历了近3个月的昼夜奋战，将遮蔽了30年，饱经沧桑的索菲亚教堂恢复了历史原貌(图7.35)。今天的索菲亚广场立足改造设计周边建筑的高度及立面，整理索菲亚广场地区的建筑和历史文化环境，挖掘一切有利的历史信息，保护生态环境，以索菲亚教堂为核心加以整合，创造出集历史、生态、旅游、人文于一体的独具特色的城市广场(图7.36)。

图 7.33　历史上的圣·索菲亚教堂

图 7.34　圣·索菲亚教堂近景

图 7.35　圣·索菲亚教堂广场鸟瞰

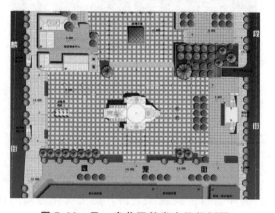

图 7.36　圣·索菲亚教堂广场规划图

在保护古城市老建筑的具体措施上，国内外一致认可的做法之一是，"利用就是积极的保护"，采用利用和维护相结合的原则，尽可能按照其原来的功能进行使用，根据性质区别对待历史建筑，以恢复历史建筑和历史地段的生命力为宗旨，进行保护和利用。在延续利用时常见的使用手法有，继续原有的用途和功能，如杭州灵隐寺等寺庙、宫殿建筑；作为博物馆使用，是目前使用方式数量最多，也是公认能够发挥最大效益的使用方式，如巴黎卢浮宫博物馆、梵蒂冈博物馆、故宫博物院等；作为学校、图书馆或其他文化、行政机构的办公地使用，如德国乌尔姆市政厅；作为参观旅游的对象，如南京明孝陵等；对保护等级较低的古迹点，可做旅馆、餐馆、公园及城市小品使用；也可留作城市的空间标志，如西安的大雁塔等。华裔建筑师贝聿铭先生在对巴黎卢浮宫博物馆扩建的设计中，在建筑U字形平面围合的广场中心时（图7.37），选取金字塔形状作为扩建部分的入口，每一个面为简单的三角几何图形，使卢浮宫保持了原有的立面，并尽最大可能利用玻璃材质，构成透明的小体量构筑物，使得主体建筑不被遮挡，保证了老建筑参观者的观赏视线（图7.38）。另外，在选址中金字塔位于凯旋门、协和广场以及方尖碑所构成的巴黎中轴线上，保护了城市的肌理特征。贝氏说：无法找到任何一种新建筑，能够和被岁月磨损得黯淡无光的旧宫殿浑然一体，而通体透明的玻璃金字塔，既能为馆内提供宝贵的光线，也能够反射周围的老建筑，让它们互相呼应（图7.39）。

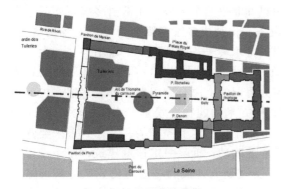

图7.37 卢浮宫平面图

图7.38 玻璃金字塔入口内部

图7.39 玻璃金字塔与卢浮宫

## 7.3.2　城市更新与建筑设计

城市是一个鲜活的机体，始终处于新陈代谢的状态，因而也始终处于变化发展的状态之下，所以保留什么、改造什么、拆除什么，如何保留、如何改造、如何新建，对于城市保护而言是关键问题。城市承担着交通、工作、居住和游憩的功能，始终为人提供服务。组成城市的各元素随时间迁移不断老化，城市的结构网络及交通的发展是必然面临的问题。

上海是中国重要的历史城市，也是中国经济发展的前沿城市，老旧的城区面临城市的快速发展，势必需要进行行之有效的保护性更新，上海新天地就是其中很好的范例（图7.40）。该项目位于上海市中心卢湾区的太平桥地区，毗邻高雅繁华的淮海中路及地铁站，是一个具有上海历史文化风貌的集娱乐购物为一体的城市广场。该项目占地3万平方米，建筑面积约6万平方米，以中西合璧、新旧结合的海派文化为基调，将上海特有的传统石库门旧里弄与充满现代感的新建筑群融为一体，创建既具传统风貌，又具现代化功能设施的聚会场所，提供餐饮、零售、娱乐、文化及服务式公寓等设施，露天茶座及酒吧、广场表演和步行街等，令项目倍添新意。上海新天地别具特色的建筑风格获得了广泛的赞赏，更荣获多项世界殊荣。新天地分为南里和北里两个部分。北里由多幢石库门老房子所组成，并结合了现代化的建筑、装修和设备，化身成多家高级消费场所及各国餐厅，充分展现了新天地的国际元素。在南里和北里的分水岭——兴业路——是中共"一大"会址的所在地，与很多"一大会址"有关的建筑需要保护，同时，"一大"会址周边的新建楼宇不能建造高层。新天地广场的设计方案定为将旧的上海石库门房子外貌保留，内部全部翻新，南里建成了一座总楼面面积达25000平方米的购物、娱乐、休闲中心，于2002年年中正式开幕，新天地南里更建有一个具220个车位的地下停车场。考虑到未来经营场所的需要和功能，项目对原有住宅建筑作出条理性改动，拆除一定违章建筑，使淹没于弄堂之内各具特色的旧建筑重见天日（图7.41），更使新天地成为一座历史建筑的露天陈列馆。保留下来的石库门由于历史较长，加之过渡使用，缺乏保养，已面目全非，部分必须重建。为了重现这些石库门弄堂原有的形象，新天地的开发商本着修旧如旧的原则，从档案馆找到当年由法国建筑师签名的原有图纸，然后按图纸修建。石库门建筑的清水砖墙，是这种建筑的特色之一，为了强调历史感，项目决定保留原有的砖、原有的瓦作为建材，在老房子内加装了现代化设施，包括地底光纤电缆和空调系统，确保房屋的功能更完善和可靠，同时保存了原有的建设特色（图7.42）。石库门旧房是没有地下排污管、煤气管等现代基础设施的，为了保护建筑文化遗产，铺设自来水管道、煤气管道的工人，都是小心翼翼地进行施工。新天地改造完成的石库门建筑群外表保留了当年的砖墙、屋瓦，而每座建筑的内部，则都是按照21世纪现代都市人的生活方式、生活节奏、情感世界度身定做（图7.43）。

虽然建筑外貌不改，但建筑的功能经过改善已经相当完备，丝毫不会影响现代休闲生活的氛围，反而还增加了情调。透过脚下的青砖铺道，两旁红青间隔的清水砖墙，厚实的乌漆大门和雕刻着巴洛克卷涡状山花的门楣，游走的人们不禁怀疑自己是不是回到了20世纪二三十年代的上海，一种悠然、惬意的情趣在心底蔓延；一种对历史建筑的尊重和欣赏也悄然而生。历史沧桑与现代时尚在新天地得到了最完美的结合，正是这种延续文脉的城市更新理念改写了石库门的历史，为石库门注入了新的生机。

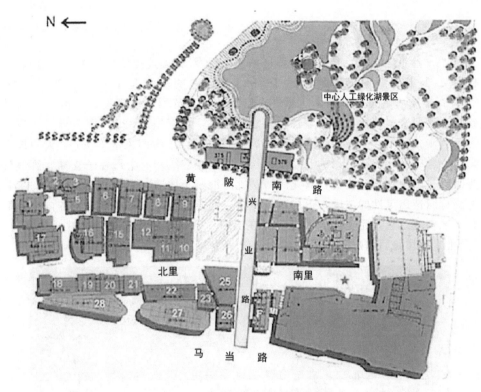

图 7.40 上海新天地广场总体规划图

图 7.41 新天地原有历史建筑

图 7.42 改造后的石库门弄堂

图 7.43 历史建筑的现代功能

### 7.3.3 案例分析

1. 上海"19叁Ⅲ老场坊"

上海"19叁Ⅲ老场坊"坐落于虹口区沙泾路(沙泾路是连接城市的主要干道),离游轮码头仅有 1 千米的距离,建筑始建于 1933 年,它的前身是上海"工部局宰牲场"(图 7.44),老场坊由公共租界的工部局出资兴建,由英国设计师设计,由中国当时的知名建筑营造商建造。整体项目由 5 栋独立建筑组成,总面积达 32500 平方米,建筑可见古罗马巴西利卡式风格,外方内圆的平面布局形式也符合了中国风水学说中"天圆地方"的传统理念。建筑采用英国进口的混凝土浇筑、无梁楼盖结构、伞形柱子支撑、廊道旋梯连接等当时先进的建筑技艺建造,其充满雕塑感的混凝土坡道、廊桥、花纹装饰的伞状圆柱以及螺旋梯营造出灵性的空间,形成高低错落、宛若迷宫,却又次序分明的内部,算得上是建筑工艺与建筑艺术完美结合的范例。在当时,全世界这样规模的宰牲场也只有三座,而 19叁Ⅲ老场坊是目前唯一现存完好的一座。

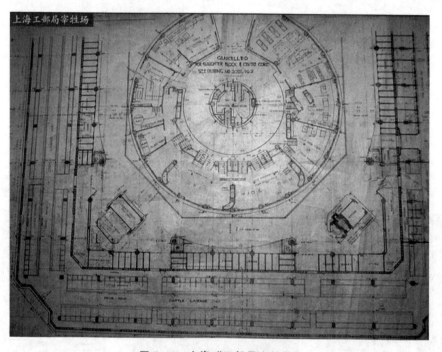

**图 7.44 上海"工部局宰牲场"**

历经战火硝烟,几度关闭,但这座被历史掩盖的建筑却奇迹般地保存了下来。2002年上海市的专家学者开始关注这里,2004 年上海的城市管理者与开发商第一次对这里进行了考察。此后,上海创意产业中心多次考察和论证这座建筑,他们开始筹划如何保护修缮这座老建筑,又如何赋予他全新的生命力。2006 年 8 月,上海创意产业投资有限公司正式启动修缮工程,对这座封尘已久的老建筑实施改造(图 7.45)。

19叁Ⅲ老场坊在改造时,延续虹口区近百年的人文环境,保留历史建筑特点,在历史遗留建筑中,融入现代时尚,经过创造继续向人们和未来传递新的生活方式与历史文

图7.45 改造中的上海"19叁Ⅲ老场坊"

化，成为上海的新地标建筑。该改造项目总体规划为北起海伦路，南至九龙路与周家嘴路，西起四平路，东至梧州路。项目定位为融合外滩18号的高档时尚、新天地的人气活力、田子坊的艺术氛围，创造出以生活、创意、求知为核心要素，融时尚发布、创意设计、品牌定制、文化求知、创意休闲为一体，汇聚艺术家、设计大师、教育家、企业精英于一堂的创意生活体验中心。而今，这座上海市优秀历史保护建筑已成为时尚创意设计中心和全国工业旅游示范点(图7.46和图7.47)。

图7.46 改造后的上海"19叁Ⅲ老场坊"

### 2. 巴黎奥赛博物馆

法国巴黎奥赛博物馆(Musée d'Orsay)是法国巴黎的近代艺术博物馆，主要收藏从1848—1914年间的绘画、雕塑、家具和摄影作品。博物馆位于塞纳河左岸，与卢浮宫斜对，并隔河与杜伊勒里公园相对(图7.48)。

19世纪中叶，现在的奥赛博物馆所在地曾经是法国的行政法院和国家审计院，1789

**图 7.47　改造后的上海"19叁Ⅲ老场坊"内部空间**

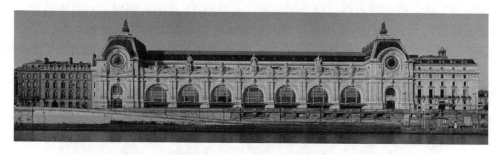

**图 7.48　奥赛博物馆沿河立面**

年在法国大革命期间，行政建筑"奥赛宫"被大火烧毁。1898 年为了迎接巴黎世博会，巴黎奥尔良铁路公司向国家购买了这块地皮，1900 年修建了火车站，成为从巴黎到奥尔良的铁路终点——奥赛车站(图 7.49)。该火车站由建筑师维克多拉鲁设计，他主张尊重原有建筑结构，保留原有柱子、铸铁横梁及仿大理石的装修，建成后的车站建筑风格与塞纳河对岸的卢浮宫遥相呼应，格调一致。

　　随着城市扩建和技术的进步，奥赛火车站越来越不能满足城市运输的需要，至 1939 年车站被废弃关闭，面临被拆除的威胁。很多建筑师主张拆除火车站改为现代化的旅馆或国际会展中心，但当时的法国政府主张保持塞纳河两岸的城市风貌，主张其以美术馆的形态保留下来。1973 年当时的蓬皮杜总统批准了将奥赛火车站改建为现代化大型美术博物馆的计划，1978 年这座古董建筑被列为法国受保护的历史建筑，1980 年著名的意大利女建筑师卡斯奥朗迪受聘进行整个建筑的改造装修。1986 年奥赛博物馆这座被废弃了 47 年的建筑宣布重生，正式向公众开放，将原来存放在卢浮宫、蓬皮杜艺术中心国家现代艺术博物馆等建筑内的有关藏品全部集中到这里展出。

　　改建后的奥赛博物馆(图 7.50)保持了城市的风貌特征和古典主义建筑的外立面，内部将原有老车站进行了分区改造，展厅面积达 4.7 万平方米，收藏近代艺术品 4700 多件，拥有展厅及陈列空间 80 多个。建筑分为三层展厅环绕原车站大厅设计(图 7.51)，这个中

图 7.49　曾经的奥赛火车站

图 7.50　改建后的奥赛博物馆

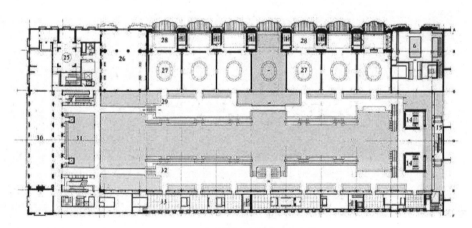

图 7.51　奥赛博物馆首层平面图

庭空间既满足了新建筑的展示功能，又巧妙地保留了原有站台与铁轨的高差，还保留了原来的车站大钟。从采光、通风、交通、展示等方面奥赛博物馆都堪称是建筑保护与老城更新的典范。

# 本 章 小 结

　　本章主要介绍建筑与城市的关系，强化建立建筑外部空间、建筑场所精神、建筑与城市肌理相嵌合的设计理念。

# 思 考 题

1. 列举出一两座自己家乡的代表建筑。
2. 搜集资料，找出一两座使用功能发生了改变的历史建筑。
3. 在 1、2 题中选出一座建筑，尝试进行黑白底图分析。
4. 在老城区中找出一座新建建筑，分析其与周边建筑及环境的联系。
5. 在所在城市的老城区中，找出一条街路，尝试进行调研分析。

# 第8章
# 建筑设计表达

## 教学目标

主要介绍建筑设计表达的多种方法。通过本章的学习，达到以下目标：

(1) 了解建筑设计表达的基本方式；

(2) 了解媒体技术发展下的建筑设计表达趋势；

(3) 掌握常用建筑设计表达的基本技法。

## 教学要求

| 知识要点 | 能力要求 |
|---|---|
| 建筑设计的手绘表达 | (1) 掌握基本的手绘图类型<br>(2) 掌握基本的手绘图技法 |
| 建筑设计的模型表达 | (1) 掌握模型制作的工具与材料<br>(2) 掌握常用材质模型的制作方法<br>(3) 了解不同阶段研究型模型的制作要求。 |
| 建筑设计的计算机表达 | (1) 了解计算机辅助绘图的内容<br>(2) 了解计算机辅助设计的方式<br>(3) 了解计算机辅助体验的途径 |

## 引言

建筑设计是一个从无到有的过程，面对设计中遇到的众多问题，存在于建筑师头脑中的设计方案是通过怎样的途径逐渐清晰完善起来的，建筑师又是如何将其设计构思和具体细节呈现给他人的？这就需要借助相应的表达手段。本章主要介绍建筑设计的手绘表达、模型表达和计算机表达三种主要的表达方式。

# 8.1 概　　述

## 8.1.1　建筑设计表达的作用

一项建筑设计方案的表达是建筑师将思维所得的一系列成果用可视、可读、可感的方式呈现出来的一种行为。在整个方案设计过程中，"表达"都起着至关重要的作用，具体可体现在以下两个方面。

1. 表达是建筑师推敲、完善方案的必经过程

建筑设计本身的复杂性决定了建筑设计方案的生成必须经过建筑师复杂的脑力劳动。在这一过程中，需要时时将头脑中的想法通过一定的媒介或手段一一呈现出来，涉及概念构思、平面功能、建筑形态、环境关系、结构构造等很多方面的内容，如此浩繁的信息单凭在头脑中的整理是无法完成的，需要手、眼、脑的有机协调和共同工作，将其以可视化的方法呈现出来，以便整理思路，进行方案推敲、修改，使之不断完善。

2. 表达是建筑师与他人交流的媒介

建筑设计不是建筑师单方面的造型游戏，在其设计、建造以及投入使用的全过程中会面临功能、结构、材料、施工、资金等多方面的问题，因而建筑师在设计中，需要通过各种表达方式与团队的同行、其他专业的工程师、投资方、使用者、城市建设主管部门等进行交流、协调，以便及时调整方案。

## 8.1.2 建筑设计表达的特点

建筑设计的表达与一般艺术表达有相似之处，例如在以建筑画形式或是分析图形式出现的作品中，创作者可以较为自由地选择风格及相应的表现手法，带有较强的个人特色，但同时也有自己的特点。

1. 建筑设计的表达内容应真实、准确

对建筑设计的表达务必真实，它反映了未来建筑建成以后的面貌，包括对建筑各部分的尺度、比例以及建筑的材质肌理等进行如实反映。另外，由于建筑设计表达在多数情况下是为设计与施工服务的，因此，建筑表达内容的比例、各部分房间乃至构件的尺寸都应与未来实际建造内容一致，不应为了追求片面的效果而随意发挥。个别学生在入门阶段，设计草图的各部分比例关系与实际尺寸严重不符，也会给将来的设计成果带来很大偏差。

2. 建筑设计的表达语言应规范、通用

建筑设计工作涉及与其他不同类型的个人或群体的广泛交流，尤其在建筑图纸表达中，采用规范通用的图示方法，不仅可以使成果表达更加清晰易懂，更重要的是可以提高工作效率。

建筑设计可以通过多种方式进行表达，主要有二维的图纸表达和三维的模型表达。图纸的表达内容主要包括建筑的总平面图、平面图、立面图、剖面图、各类详图、透视图、轴测图等，模型的表达内容则主要涉及建筑的周边环境、外部形态乃至内部空间。此外，建筑设计的表达还需借助少量的文字说明对设计构思、工程做法等进行阐述，应简明扼要，后文不再赘述。

根据表达媒介的不同，建筑设计表达又可分为手绘（手做）（图 8.1）和计算机绘制两种（图 8.2），在设计的不同阶段，设计者可根据表达的内容去选择不同的表达方法。以下将根据一般的专业学习的不同阶段，从手绘表达、模型表达和计算机表达三个方面对建筑设计的常用表达方式进行介绍。

图 8.1 手绘的建筑表现图纸

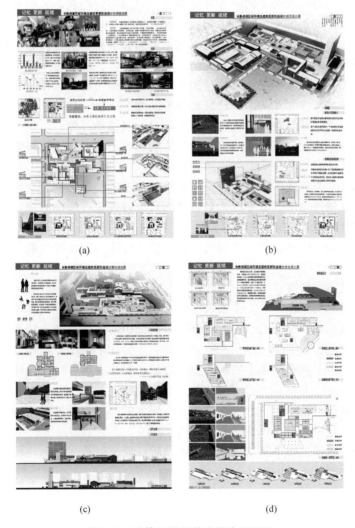

(a)

(b)

(c)

(d)

图 8.2 计算机绘制的建筑表现图纸

# 8.2 建筑设计的手绘表达

手绘是建筑设计图纸表达中十分常见的一种方法，是在二维平面内从不同方面反映三维建筑空间的内容。主要图纸内容有：

（1）总平面图——表现建筑与环境的关系，包括建筑的布局、场地内的道路、竖向、绿化等综合性内容。

（2）平面图——建筑物平面图是在建筑物的门窗洞口处（距楼面 1.2 米左右高度）水平剖切后的俯视图（屋顶平面图应在屋面以上俯视），图内应包括剖切面及投影方向可见的建筑构造以及必要的尺寸、标高等。剖切到的部分以粗实线绘制，可见部分的线以细实线绘制，如需表示高窗、洞口、通气孔、槽、地沟等不可见部分，则应以虚线绘制。

（3）立面图——为建筑各方向的正投影图，包括投影方向可见的建筑外轮廓线和墙面线脚、构配件、墙面做法及必要的尺寸和标高等。以细实线绘制，其中建筑立面的外轮廓线为粗实线，立面上的局部突出物以中实线绘制。

（4）剖面图——建筑剖面图是在垂直方向上剖切建筑得到的，内容应包括剖切面和投影方向可见的建筑构造、构配件以及必要的尺寸、标高等。线型与平面图的规定一致。

（5）节点详图——图纸中把需要体现清楚的建筑局部用较大比例绘制出来，以表达出构造做法、尺寸、构配件相互关系和建筑材料等。相对于平、立、剖面图而言，节点详图是一种辅助图样，常常涉及墙体、楼梯、门窗洞口、梁柱等部分。

（6）透视图——表现建筑形体和空间的三维视图，是接近于人的视觉特性的较为"真实"的表达方式。

（7）轴测图——与透视图类似，也是表达建筑的三维图形，富有立体感。原有建筑轮廓线的平行关系在轴测图中依然平行，且各轴的尺寸按规定可准确测量，因而绘制起来较为简便，但真实性较透视图差一些。

以上每种图纸表达的信息都不尽相同，把它们集合在一起便可以展示出建筑设计的完整面貌。

手绘图纸的优点主要有：

（1）工具简单、易于操作——手绘表达只涉及纸、笔、尺规、颜料等工具的运用。

（2）成果直接、便于交流——手绘图纸可将头脑中的设计意象直接呈现出来，便于在设计者之间进行交流。

（3）活跃思维——在掌握基本的制图方法之后，手绘表达可以让设计者更专注于设计思维的拓展。

（4）风格多样——同一种手绘表达方法在不同人的笔下会呈现不同的特征，尤其是徒手表达，常常带有较强的个人风格。

手绘图纸在建筑学、城市规划等专业的入门阶段应用得最为广泛，可通过尺规等工具制图，也可徒手绘制。

## 8.2.1　建筑工程制图

建筑工程制图主要涉及平、立、剖面图及总平面图的表达，它建立在投影法的基本原理之上，绘制时应符合相应制图规范的要求，可参见《房屋建筑制图统一标准》（GB/T 50001—2010）和《建筑制图标准》（GB/T 50104—2010）的规定，本节中不再赘述。

1. 投影法

物体在光源的照射下会出现影子，投影的方法就是从这一自然现象抽象出来的一种用二维图像来表现三维物体的方法。在建筑工程图纸的表达中，通常运用平行投影中的正投影法绘制生成各类图纸（图 8.3）。

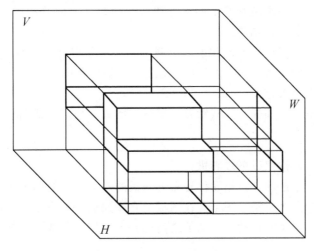

**图 8.3　正投影图的基本原理**

2. 常用制图工具及使用

（1）图板。图板通常为双层夹板，常用规格有 1 号图板（600mm×900mm），2 号图板（450mm×600mm）等。图板在使用时应首先选择一平整的短边为工作边，置于绘图者左侧，以配合丁字尺使用。

（2）图纸。根据表达方式不同，可选择白图纸、硫酸纸、水彩纸等。常用图纸尺寸见表 8-1。如遇形体特殊的建筑，图纸的长边也可加长，加长尺寸见表 8-2。

**表 8-1　常用图纸幅面尺寸（毫米）**

| 图幅 | A0 | A1 | A2 | A3 | A4 |
| --- | --- | --- | --- | --- | --- |
| 尺寸 | 841×1189 | 594×841 | 420×594 | 297×420 | 210×297 |

（3）丁字尺。由尺头和尺身两部分组成。尺头的垂直边紧靠图板工作边，丁字尺在图板上的移动方向是上下移动，用于水平线的绘制。

（4）三角板。常用 30°直角三角板和 45°直角三角板。三角板通常与丁字尺配合使用，用于垂直线和一些特殊角度线的绘制。

表 8 - 2　图纸长边加长尺寸(毫米)

| 幅面尺寸 | 长边尺寸 | 长边加长后尺寸 |
|---|---|---|
| A0 | 1189 | 1486、1635、1783、1932、2080、2230、2378 |
| A1 | 841 | 1051、1261、1471、1682、1892、2102 |
| A2 | 594 | 743、891、1041、1189、1338、1486、1635、1783、1932、2080 |
| A3 | 420 | 630、841、1051、1261、1471、1682、1892 |

(5) 笔。常用铅笔和针管笔。常见铅笔的型号从 6H～6B，主要在图纸起稿阶段使用。针管笔的型号从 0.1～1.2，可根据需要选择适当的型号。针管笔在使用时应基本垂直纸面，同时笔尖向尺外略偏移一个微小角度，以免墨水晕到尺下。

(6) 圆规。用于绘制圆及圆周上的部分线段，顺时针方向绘制，可连接针管笔使用。使用时要注意线条的连续、均匀。

(7) 比例尺。常用三棱比例尺和扇形比例尺，尺身分别有 1∶100、1∶200(代表图面长度与实际长度之间的比值)等常用比例的刻度。绘制建筑图纸时，可通过比例尺直接量取尺寸，给作图带来极大方便。

(8) 其他制图附件。如墨水、裁纸刀、胶带、图钉、橡皮、擦图片、模板等。

3. 制图步骤

手绘工具图纸通常按照以下步骤进行。

(1) 绘图准备。粘贴图纸，粘贴位置靠近图板的左下角，绘图人用坐姿即可在整幅图面上操作，避免疲劳。将所需绘图工具在图板上有序摆放，如图 8.4 所示，各种工具的位置不要影响绘图中丁字尺的移动。在动笔之前还要先规划好版式，包括各部分内容的绘制区域、字体字号等。

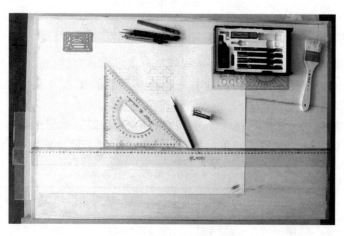

图 8.4　制图工具摆放有序

(2) 起铅笔稿。起稿常用 2H 铅笔，线条细并且颜色浅。绘制的顺序由轴线开始，然后画墙体、门窗以及其他构件轮廓线，标注尺寸和文字等。

(3) 绘正式稿。根据表达的要求，可用 HB 铅笔或针管笔绘制。绘制顺序是由细线到粗线，通常先用细线将所有需要的线条绘制一遍，然后再根据具体图示内容，选择相应笔宽逐级进行加粗。

（4）加绘配景、文字等。图纸中最后绘制各类文字、标注，并绘制配景以烘托建筑及周边环境。

## 8.2.2 建筑画

建筑画主要是指建筑的透视图。根据表达成果的性质不同，可分为钢笔画和渲染图两类，前者主要侧重线条的排列，后者则通过使用色块来刻画建筑形体。与工程制图相比，建筑画对拟建建筑的表达更加真实、直观，也更能体现作画者的个人风格。

透视图也是基于投影法的基本原理而生成的图形，根据灭点数量的不同，可分为一点透视、两点透视和三点透视。根据表达的具体要求，选择透视的类型。此外，透视角度、视高的选择，也直接对构图及画面的形式美感产生影响。

### 1. 钢笔画

钢笔画是一般线条画的统称，利用线条勾勒建筑的形体轮廓，通过线条的排列组合刻画建筑不同的色彩、光影、质感及建筑在环境中的关系等。其表现力丰富，可浓可淡，可写实也可写意（图 8.5），画面效果概括、明快，是专业学习阶段十分常用且非常便捷的表达方式。

**图 8.5　钢笔画的不同风格**

1）工具

钢笔画常用的笔有针管笔、纤维笔、自来水钢笔、速写钢笔等，可根据个人的习惯和作品表现的精细程度选择笔的类型。针管笔型号多，笔触细腻，常被用于较正式的建筑钢笔画作品中；纤维笔、自来水钢笔、速写钢笔等则常用于速写作品或草图中。

作画用纸也可有很多种选择，白图纸、复印纸、卡纸、草图纸等均可。纸质致密、平整，有一定的吸水性的纸张比较利于钢笔画的表现。

钢笔画的墨水一般用黑色，墨色浓郁有光泽的为佳，也可以选择其他颜色的墨水绘制，给人以不同风格的感受。

2）线条种类

将钢笔画中的线条归类来看，可分为直线、曲线、不规则线三类（图8.6）。作画者运笔的方向、速度、轻重、顿挫等方面的变化，会给线条注入各种表情。初学者应注意以下三点：

（1）运笔姿势要放松。画线过程中运笔的流畅性和连贯性非常重要，过于紧张的手臂会使得画出的线条也十分僵硬。

（2）长线分段画。较大图幅的建筑画中常常遇到长线，运笔过程中很难一次完成，因此过长的线往往会被分为两至三段短线完成，线段之间要留有小段空白，切勿在接头处反复描画。

（3）局部小弯，整体大直。运笔过程中，不要片面追求线条的笔直，中间可以有小弯，通过手指的轻微抖动来调整线条方向，这种方法行笔速度较慢，有充分的思考时间，线条在整体上看起来比较直即可。

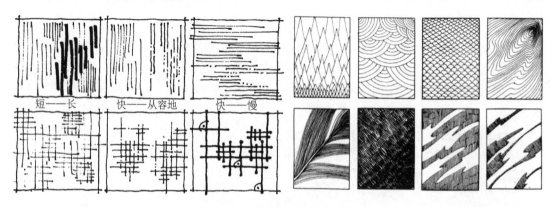

图8.6　不同类型的线条

3）线条组合

建筑钢笔画的各种风格源自于不同的线条组合方式给人的不同视觉印象，可根据具体表现的对象选择不同的线条组合方法。

通过线条的排列，可以表现建筑物光影、色调、质感、体量等，也可通过线条叠加表现出更丰富的层次，产生退晕效果（图8.7）。表现时可根据不同的表现对象选择线条的排列方式，使线条和所表达对象的结构、材质、肌理相吻合（图8.8和图8.9）。

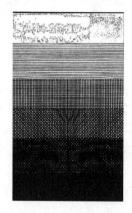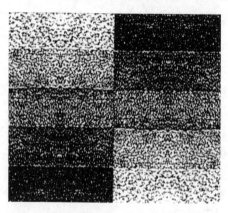

图8.7　线条组合的退晕效果

图 8.8  对材质与肌理的表达

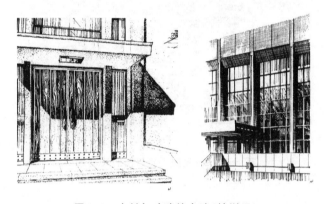

图 8.9  木材与玻璃的表达(钟训正)

4）配景

建筑不是孤立地存在的，它总是存在于一定的环境之中。建筑画中绘制配景的目的除了渲染环境气氛、烘托主体建筑物之外，更重要的一点便是赋予画中的建筑以尺度感（图 8.10）。通过配景与建筑间的比例关系，如实地反映建筑体量。配景主要包括树木、草地、人物、车辆等。

5）注意事项

（1）构图形式合理，组织好画面，将被表达的对象安排在最突出的位置。

（2）透视关系准确，建筑与配景的透视关系一致。

（3）讲求光影变化，通过光影，传达建筑体量的凸凹，建立三维的立体印象。

（4）表现材质肌理，通过不同的线条组合，表现建筑的面材。

（5）线型组合巧妙，线条组合的感觉要正确，线条种类不宜过多。

（6）取舍概括得当，表现不能面面俱到。

（7）塑造空间效果，通过景物的交叠，以及近大远小的规律来拉开空间距离。

2. 渲染图

渲染是建筑表现图的一种绘画技法。根据所使用的渲染材料的不同，有水墨渲染、水彩渲染、水粉渲染。结合其他表现手段，还发展出铅笔淡彩、钢笔淡彩等表现形式。本节主要以水彩渲染为主进行介绍。

图 8.10　配景赋予建筑画的尺度感

1）渲染工具

渲染是一项步骤繁多，细致耗时的工作，需要的工具如下。

（1）毛笔。多用白云或狼毫，分大、中、小号，可根据渲染的面积大小进行选择。更细致的勾画还可选择衣纹或叶筋。

（2）排笔或板刷。裱纸时使用或是大面积的渲染使用。应选择毛质较软的羊毫类质地。

（3）水彩纸。选择纸质致密、单位克数较大的纸品，以达到较好的渲染效果。一般使用白色纸，也可根据渲染需要，选择彩色水彩纸，可减少渲染步骤，缩短渲染时间。

（4）渲染颜料。根据渲染种类不同，选择墨块、水彩或水粉。

（5）其他辅助材料。白毛巾、水胶带、水桶、调色盘、调色碗等。

2）裱纸技巧

由于渲染过程中需要大量使用水，纸面在干燥后不平整，图面不美观，因此在渲染开始之前，需要裱纸。裱纸的方法有干裱法和湿裱法两种。

（1）干裱法适用于较小的图幅。将纸的各边向内折2厘米，角部用夹子固定，形成一个扁方盒；向纸盒内刷水，将纸面浸湿；将多余水分用毛巾吸走；图纸上压湿毛巾，将纸边涂糨糊，粘贴在图板上。在四周的胶带干透之前，图板要保持水平，纸面上的湿毛巾不要取走，以免水彩纸过快收缩，将纸边崩开（图8.11）。

（2）湿裱法应用更为普遍，渲染时纸面更加平整，效果更好。湿裱法的裱纸过程也比较简单，将纸充分浸泡3～5分钟后，平铺于图板上，吸走多余水分；中间压湿毛巾，边缘用水胶带粘好即可。晾干过程与干裱法相同。

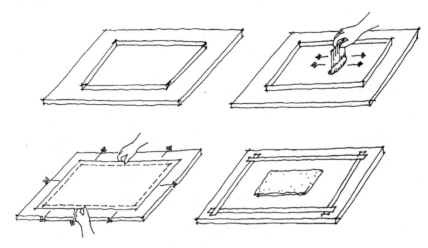

**图8.11 干裱法步骤**

3）运笔方法

（1）水平运笔法。适用于大面积着色，如天空、背景等。

（2）垂直运笔法。多用于小面积渲染，特别是垂直线条。上下运笔一次距离不可过长，且运笔长短要大致相等，避免上色不均。

（3）环形运笔法。常用于退晕渲染。使后加的颜色与先画上去的颜色搅拌，产生柔和的退晕效果，或使沉淀色均匀（图8.12）。

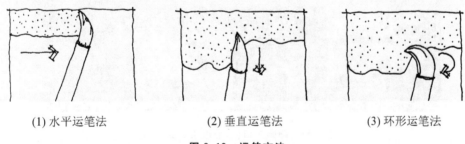

(1) 水平运笔法　　　　(2) 垂直运笔法　　　　(3) 环形运笔法

**图8.12 运笔方法**

（4）靠线，也叫"守边"。在反复渲染同一区域时，每一次都应仔细靠线，保证整齐。渲染时根据画面具体要求，灵活使用不同的运笔方法。

4）渲染技法

（1）平涂法。色调深浅一致。基本方法为"洗"，即将图板倾斜约10°～20°，渲染时用笔引导颜色向下流淌。笔的作用不是直接画在纸上，而是引导颜色，使其在缓慢流下时，将颜色附着在纸上。

（2）退晕法。由浅入深或由深入浅（要求均匀变化、无明显交界线）。

（3）叠加法。同一色块范围内，将颜色叠加，或是将不同画面叠加，产生分格退晕的效果（图8.13）。

5）渲染步骤

水彩颜料是具有透明性的绘画颜料，因此，在渲染时可以采用多次重叠覆盖，以取得多层次色彩组合的、比较含蓄的色彩效果。

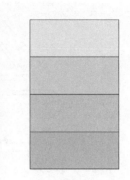

(1) 平涂法　　　(2) 退晕法(由深至浅)　　(3) 退晕法(由浅至深)　　(4) 叠加法

**图 8.13　渲染技法**

水彩渲染的步骤一般为：起稿—分大面—做形体—画细部—求统一。

渲染前可先铺一层底色(土黄)，目的是使画面整体效果一致，同时可避免沉淀不均，也可将刻图时留下的污迹清洗干净。渲染顺序由浅色到深色，从整体到局部(图 8.14)。

**图 8.14　静园入口(水彩渲染)(彭一刚)**

需要注意，水彩渲染中，很少使用白色，需要将某种颜色变浅，提高其明度时，可通过加水来实现。

6) 其他渲染类型简介

水墨渲染是一种比较古老的建筑表现图技法。在过去很长一段时期内用于渲染西洋古典建筑的表现图和建筑教学的基础训练。水墨渲染以墨色深浅表现明暗效果、建筑形体和材料质感(图 8.15)。它是一种表现无彩色的明暗变化的方法，黑与白之间的层次变化可以刻画得十分细致。通过练习，可深入分析了解光照对建筑造型的影响。画面层次清晰、细腻，无明显笔触，但因其不能表现建筑的色彩，且绘制过程相对复杂，现在已较少采用。具体画法为：将研磨好的墨汁过滤，去掉其中较大的颗粒后，根据需要调入清水，形成深浅不一的灰色，沿轮廓进行渲染。技法主要是平涂和退晕。

水粉是一种不透明的颜料。成图的色彩强烈、形象鲜明。颜料本身含胶质多、颗粒较粗，覆盖能力很强，便于修改。绘制的过程与水彩渲染恰好相反，先画深色部分，后画浅

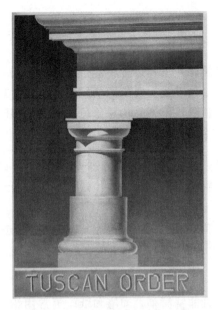

图 8.15 塔斯干柱式(水墨渲染)

色部分。水粉渲染中会大量需要白色,通过加白来调节色彩的明度。用水量相对较小,一般会将颜料调得比较黏稠,选用扁头的毛笔或尼龙笔。水粉渲染局部也可使用水彩渲染的方法,增加用水量,加强颜色的透明度,用洗的方法渲染,一般是在渲染的开始阶段,用于天空,或部分底色的铺陈(图 8.16)。

铅笔淡彩与钢笔淡彩(图 8.17)是线条画与色彩的结合,既发挥了线条画刻画细致、生动的优点,又有丰富的色彩变化。使用的工具主要有铅笔、钢笔(或针管笔、中性笔等)、图纸(速写本)、水彩(固体水彩、水溶性彩铅)、马克笔、自来水毛笔等。铅笔淡彩与钢笔淡彩操作简便,非常适合设计过程中的快速表现或外出写生,如果细致刻画,也可作为正式方案图纸中的效果图使用,其应用十分广泛。

图 8.16 水粉墨线

图 8.17 钢笔淡彩

### 8.2.3　建筑设计草图

建筑设计草图指的是建筑师在设计过程中徒手绘制的一系列与构思相关的图纸，它包括对建筑总体意象的勾画、对局部或次级问题的解决，以及对最后方案的综合与比较等内容。建筑设计草图可分为准备阶段草图、构思阶段草图和完善阶段草图。

1. 作用

草图是建筑师思考的重要手段。它将一个设计意象由思维转换为可视的物质图像，形象地表达出来，才能进一步进行推敲，才能使确认或放弃成为可能，才能将方案一步步推进直到趋于完善。

此外，草图也是同行之间、团队之间、学生和老师之间进行方案交流和探讨的重要手段。

2. 工具

建筑设计草图的表现工具非常简单，即笔和纸。笔常用铅笔、中性笔、彩铅、马克笔等，纸主要是草图纸和图纸等。

对于初学者来说，用铅笔绘制草图较易掌握。应选择 2B 以上的绘图铅笔，而非自动铅笔。笔芯可削出 5 毫米长度，笔尖不必刻意削得很细，应保持一定的宽度，这样运笔流畅，不易刮纸，画出的徒手线条比较柔和，富有张力。虽然铅笔便于擦拭修改，但草图中尽量不用或少用橡皮，锻炼线条表现的准确性，提高作图效率，也使画面流畅美观。

纸张通常选择草图纸，也叫拷贝纸。这是一种半透明的薄纸，有白色和黄色两种。因设计草图在生成和完善过程中需要反复推敲、修改，草图纸的半透明特性便于描画，在修改时，只需将新的纸张放在原图上，将不变的部分描下来即可，十分方便快捷。

在基本的草图基础上，还可结合彩铅或马克笔进行色彩、材质的表现，以使方案更加生动、明晰。

3. 特点

草图的图面非常丰富。从内容上来看，包括建筑相关的各类图纸，它表达设计者的思维轨迹，因此在一张图纸上常常同时出现多种表达方式，如分析图、平面图、节点、剖面、局部透视关系，甚至文字说明等（图 8.18）。

草图的表达杂而不乱。尽管表达的内容及方式没有过多限制，但应以清楚表达思想为目的，使除了设计者之外的其他人也能透过图纸明确设计意图。

草图可伴随着思维的转换最快地做出反映。相比模型、计算机制图等手段，草图往往可以很快地抓住设计者一些稍纵即逝的灵感。

4. 绘制要点（以铅笔草图为例）

1）基本技法

草图绘制与钢笔画中的画线要求大致相同，都讲究单个线条的流畅以及线条与线条之间的结构关系。但相比较来看，草图的线条要更随意一些，线条常常随着思维的进程表现得或繁杂或概括，或紧张或松弛。

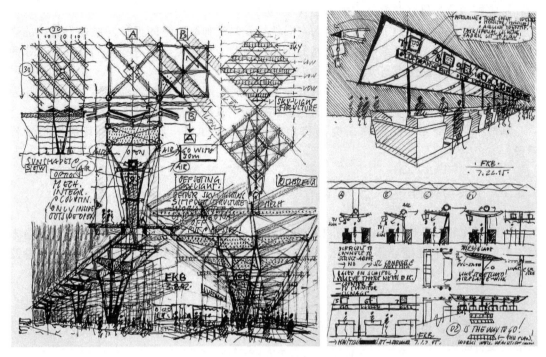

图 8.18　科隆·波恩机场草图(Murphy Jahn)

初学阶段，草图线条可按如下方法进行练习：

（1）起笔和收笔都有停顿。这可以使线条看起来非常肯定且清晰。

（2）在两条线相交处要有搭接。这样，线条所围合的体量或空间边界才能明确。

（3）当一条线没有按照预想完成时，不要急着擦去，可在原有基础上再画一次。

2）阶段要求

前文提到了建筑设计草图的三个阶段，在不同阶段，由于思维特点不同，在草图绘制时的要领也有区别。

（1）准备阶段的草图主要是在对现状的分析与归纳基础上，用图示语言列出各种有利或不利条件，生成初步的设计意象。这一阶段不必追求画面美观，而应探索尝试去抓住一些稍纵即逝的思想火花，因此，图面往往并不具体，只体现一个大概的轮廓。

（2）构思阶段的草图体现对设计意象的推敲，并使之不断具体化的过程。设计者面对每一个问题都有无尽的不确定性，通过草图不断修改、推进。随着思路的逐渐清晰，草图内容也逐渐明朗，呈现出若干具体的细节，线条也由混沌逐渐变得分明。

（3）完善阶段草图则表现了对设计各部分内容的深入思考，从多个角度对方案进行推敲的过程。此时的草图内容完整，图面的效果也比较讲究。

## 8.3　建筑设计的模型表达

建筑模型作为建筑设计表现的手段之一受到越来越多的关注。相较于图纸类的表现手段，模型以其直观、具象的特点有机地将建筑的形式和内容结合起来。按照表现形式和用途，可将模型分为研究型模型和展示型模型两类。

研究型模型主要是为了阐明物体的空间性，是建筑师解决空间设计问题的最直接的途径，可避免一些在二维图纸中容易忽略的错误或问题。通常设计的进程不同，模型制作的精细程度也不同，完全视研究和表现的内容而定。

展示型模型是用来向委托方、评审或业主展示时使用的。一般都经过精心制作，除表现形体与空间关系外，还模拟了建筑的色彩、质感、肌理以及周边的环境等要素。

本节中主要介绍手工制作研究型模型的一些基本知识，不涉及高科技的模型制作手段。

### 8.3.1 工具与材料

模型制作的工具是与所应用的材料密切相关的。随着建筑模型所应用的材料日趋丰富，其制作的技术也随之不断变化。本节主要介绍专业学习中常用的一些模型材料及工具。

1．常用工具

（1）裁纸刀。用来切割卡纸一类的材料。刀片上有倾斜的刻痕，当刀片用钝以后，可以沿刻痕折断扔掉。

（2）手术刀。用于切割一些精细的部分，如建筑表皮上的洞口等。刀尖小巧锋利。

（3）手锯。是切割木材等较坚硬材质的工具。

（4）电热切割机。主要用于聚苯乙烯板一类材料的切割。

（5）铁尺。用刀切割材料时划直线使用，不会被刀切坏。

（6）切割垫板。有 A4、A3 不同尺寸，垫在模型材料下切割，不会损伤桌面，且在一定程度上保护刀尖。

（7）绘图工具。丁字尺、三角板、比例尺、圆规、分规等，用于在模型材料上绘制各部分大样。

（8）砂纸。用于抛光材料的表面或边缘，适用于多种材质的打磨。

2．常用材料

1）卡纸类

制作卡纸是建筑模型最基本、最简便，也是最易获取的一种材料。可通过剪裁、折叠塑造不同的建筑形象和空间，具有很强的表现力和可塑性。其缺点是强度低，吸湿后易变形，成型后不易修整。

目前市场上的卡纸厚度从 0.5～3 毫米不等，颜色多达几十种。由于纸的制作工艺不同，纸面的肌理也各不相同，模型制作者可根据自己特定的需求来选择纸张。瓦楞纸和包装纸箱也常常被用作模型材料。

2）聚苯乙烯板

聚苯乙烯板是制作建筑模型的常用材料之一。材质轻、造价低、易加工，一般用于方案初始阶段的研究性模型。其缺点是质地粗糙，无法做精细的加工。

3）有机玻璃板、ABS 板等

属硬质材料，常用来做展示型模型。其质地细腻、材质挺括、模型强度较高。其缺点是不太适合手工操作，在学习阶段，可以尝试使用这些材料，但需选择较薄的板材，以便于切割。

4）木板类

常用的木板类材料为航模板，这种板材质地细腻，经过化学与脱水处理，在剪裁过程中不会劈裂。此外，还有一些软木也可用来制作模型。其优点是材质细腻，表面有自然的纹理，模型较为坚固。其缺点是不易操作，易吸湿变形。

5）石膏

石膏为白色石膏粉，用水调和后塑形。需要制作模具，一般以木模为主。可用于制作一些带有曲面的特殊形体，如球体、壳体、不规则形体等。其缺点是干燥时间长。

6）油泥

可塑性强，便于修改，可迅速将建筑形体塑造出来，常被用于制作山地地形、概念模型等。其缺点是不易干燥，容易变形。

7）金属类

金属网、穿孔金属板或铁丝钢丝等材料也常被用于建筑模型的制作，用于表现不同的面材肌理，或是表现一些结构、杆件等。金属类易于操作，能赋予模型不同的质感。

8）胶粘剂

用于连接不同模型材料。常用的有：

（1）双面胶。带状粘接材料，宽度可根据需要选择。胶带两面均有黏性，操作简便、快速，常用于卡纸类材料的粘接。其缺点是易老化，黏结强度不够，无法黏合一些较为厚重的材料。

（2）白乳胶。白色黏稠状液体，无异味，操作比较简便，干燥后无明显胶痕，可粘接纸质材料、木质材料。其缺点是干燥较慢。

（3）胶水。只适用于纸质材料的粘接，特点与白乳胶近似，但强度略低。

（4）U胶。无色透明黏稠液体，使用简便，干燥速度快，粘接强度高，适用于纸质、木质、金属、玻璃、树脂等多种材料，用途广泛，是目前应用较多的模型用胶粘剂。

## 8.3.2 常用材质模型的制作方法

无论何种材质的模型，在开始制作之前，都应先确定好合适的比例，在此基础上，选择材料和尺寸。

1. 卡纸模型制作

为便于操作，一般选择1～2毫米左右厚度的卡纸，按照比例绘制各个立面的轮廓和门窗，用裁纸刀切下。组装时，将相邻的两个立面边缘处涂胶，粘接，待胶的强度足够时再松开。门窗的部分可用透明材料(如塑料或有机玻璃薄片)粘接在内侧，或直接用同色卡纸粘贴示意门窗。如果制作同时能体现室内空间的模型，需要注意在模型比例下墙体的厚度，若选用的卡纸过薄，不符合实际墙厚情况，模型会失去空间的尺度感。如图8.19所示为卡纸模型。

2. 聚苯乙烯模型制作

聚苯乙烯板又称泡沫板、苯板，通常用于概念生成阶段推敲体块关系，常用的是2～5

厘米厚的板材。这种材料以表达体块关系为主，可直接确定比例后，切割成块进行组装。切割时可使用裁纸刀（板材较薄）或电热切割机（板材较厚），组装可采用粘接的形式，用双面胶或乳白胶进行组合。但乳白胶不易干，影响制作进度。也不能使用 U 胶粘接，否则会与苯板发生反应。如果是临时性的模型，可直接用大头针将体块插接固定。苯板厚度的选择也要与模型的比例、尺寸相一致。如图 8.20 所示为聚苯乙烯模型。

图 8.19　卡纸模型

图 8.20　聚苯乙烯模型

### 3. 有机玻璃与 ABS 板模型制作

这两种材料强度高、韧性好，厚度一般在 0.50～10 毫米之间。手工制作模型通常会选择较薄一些的材料。与卡纸模型的制作工序相似，先在板材上画出立面，分别切割下来。因材料比较致密，用裁纸刀或手锯切割时要逐渐施力，力度均匀，以免划伤。切割后的片状材料需经过打磨后再进行粘接，胶粘剂常用 502 胶。

### 4. 木板模型制作

木板模型常用航模板，厚度为 0.8～2.5 毫米，前期操作与卡纸等材料类似。但由于木板有纹理，拼接时要注意纹理的走向和色彩。木板模型切割时也要放轻力度，逐层切断。打磨的过程使用细砂纸，组装使用的胶粘剂可用白乳胶或 U 胶，不可用 502 胶。如图 8.21 所示为木板模型。

图 8.21　木板模型

### 8.3.3 不同阶段研究型模型的制作要求

在专业学习阶段，课程设计方案的构思发展需要借助模型的手段。通常模型制作都是使用一些简单的工具，通过手工完成的。这里主要介绍方案构思过程中的研究型模型(草模)的制作。在整个课程设计周期中，往往需要设计者制作多个建筑模型，一方面是为了发展设计思路；另一方面也可作为阶段成果的展示，便于交流。

1. 设计准备阶段的模型制作

在模型制作之前，首先要对头脑中的设计概念有较深入的了解，此时的工作模型主要反映设计的原始概念，以及建筑与环境的关系等。由于设计方法的不同，有两种情况：

一种是先通过草图构思初步的概念，然后制作模型进行推敲，以观察实际的空间效果。在模型制作之前，已经有了简单的平、立、剖面的概念图，根据这些图纸，进行模型的制作加工。

另一种工作方法是直接从模型入手，通过三维操作将头脑中的概念逐步提炼出来。随后，再通过草图将各部分设计内容逐步完善，是三维向二维的转换。

这一阶段的模型一般由单一材质制作，不必追求模型材料和工艺的精致，但应做到重点突出，空间和形体表达明确，与周边环境的关系交代清晰。模型一般选择较小的比例，以过滤掉一些干扰因素，抓住主要矛盾。这与建筑设计的构思过程是一致的，从整体着眼，逐步深入细节，发现问题，使方案趋于完善。

2. 构思发展阶段的模型制作

在方案深化过程中，仍需不断通过模型推敲设计的可行性与合理性。这一阶段也要经过若干轮模型的制作和修改。模型制作体现出更多的细部处理，色彩的区分，透明与不透明的变化等。模型的比例逐渐扩大，空间的形态逐渐清晰，有时也会辅助一些细部节点的模型，探讨其建造实施的可能性。

3. 完善阶段的模型制作

在创作构思基本完成的情况下，还需做局部的完善和调整。这一阶段的模型通常会更接近于展示型模型，是最终设计成果的三维直观体现。模型材料更加讲究，制作更加精细，可以直接体现图纸中的各种设计内容和空间意图。有的模型甚至可以逐层拆解，分别看到室内每一部分空间的大小和形式，成为解设计者空间构想的最直接的工具。成果模型有的是素模，侧重体现建筑形体和空间关系，展示光影变化；有的则模拟真实的材料、色彩和质感。

在整个方案生成的过程中，模型的数量没有具体的规定，完全根据设计者个人的要求和设计的复杂程度而定。不同比例的模型均应辅以相同比例的地段环境模型，切勿只关注建筑体本身而忽视它与环境的关系。制作模型时，可根据建筑形态的特征，选择适宜表现的模型材料，不必拘泥于常用的材料，手边的一些材质有时也可能产生意想不到的表现效果。

## 8.4 建筑设计的计算机表达

随着数字时代的到来，设计表达的途径和成果在数字技术媒介的影响下飞速发展。从手绘草图、工程图纸到计算机辅助绘图，再到计算机信息集成建筑模型，乃至数字化多媒体交互影像，各种计算机表达方法和手段发挥着越来越重要的影响和作用。数字技术在建筑设计中的运用主要体现在三个方面，即计算机辅助绘图、计算机辅助设计和计算机辅助体验。

### 8.4.1 计算机辅助绘图

目前计算机辅助绘制二维图形的软件应用得十分普遍，在 CAD 软件基础上经过对各工程设计专业的二次开发，发展出适合专业特点的绘图工具。前面介绍过的工程制图和效果图的绘制目前都普遍使用计算机技术，使得绘图效率大大提高，绘图的准确性和图面的美观整洁也比较容易实现。

1. 工程图纸的计算机绘制

二维图形的绘制常用 CAD 软件，更为常用的是在此基础上开发的天正系列建筑软件。其绘制的内容、顺序与手绘图纸一致，并且集成了参数化制图，绘图速度快，便于反复修改，绘图的周期缩短。此外，它还具有三维绘图的功能，可在不同视图之间进行切换。

2. 效果图的计算机绘制

在设计最终成果的展示阶段，计算机绘制效果图也十分普遍。常用建模软件有 3DS MAX，并可配合 V-ray 渲染，后期处理使用 Photoshop。根据提供的建筑二维图纸，建立细致的三维模型。一旦模型建立完成，则可根据需要在室外或室内选取任意角度，通过渲染和后期处理制作出细腻精美的建筑效果图（图 8.22）。

图 8.22　计算机效果图

## 8.4.2　计算机辅助设计

建筑设计从根本上来说，是人脑思维活动的产物，具有不可替代性。传统的思维表达手段，如草图、模型等在处理一些相对简单的建筑体量时具有优越性，但如果构思对象是一些复杂的体块，甚至若干不规则曲面组合的时候，传统的辅助设计手段就显得力不从心了。计算机辅助设计则为设计者提供了更广阔的思考空间，主要体现在建立可视化数字模型和理性的数字分析两方面。

1. 可视化数字模型

与传统的模型制作方式不同，通过计算机可以快速地制作多个三维模型，为抽象的设计构思提供可视化的表现，如图 8.23 所示。设计者可以从各个不同的角度去观看模型，推敲建筑的外观形态、内部空间、细部设计等。软件中的材质和灯光效果也带给建筑师更形象的建筑观感。常用软件为 Sketch Up，又称草图大师。它通过点、线、面来制作模型，并加入可转动的视野、可调节的阴影等要素，使模型体量感十分逼真，因此很适合表达建筑设计的透视效果。但其成果表达不够精细，难以后期深化。

图 8.23　可视化数字模型

2. 理性的数字分析

建筑设计过程是感性思维与理性思维的综合。除了从美学角度对建筑的形体和空间进行评价之外，建筑作为承载人类生活的容器，还需要满足一系列物理指标要求，如建筑的日照分析、风环境分析、能耗分析等。将相关条件输入计算机后，用计算机得到的数据来指导设计，如清华斯维尔、PKPM 等。

## 8.4.3　计算机辅助体验

建筑的多种表达方式从不同角度和不同侧面为人们提供了体验建筑的途径。与二维图纸和静态的模型表达相比，动态影像技术在表现建筑的完整性和真实性方面的优势越来越明显。建筑设计表达的互动性逐渐增强，使人们在建筑未建成之前，就可以通过模拟的数字影像体验建筑形体、空间、结构、材质的每一处细节，更加充分地展示构思的生成与发展过程。

虽然计算机技术的发展正逐步改变建筑师的工作与思考方式，但不可否认的是，计算机无法取代建筑师在设计中的主导地位。它与其他建筑表达方法一样，都是完成建筑设计任务的手段。在专业学习阶段，还是需要循序渐进、由浅入深地学习掌握各类常用的建筑表达方法，建立思维与表达之间的通道，并在后续实践中逐步摸索适合自己的设计方法和表达方式。

# 本 章 小 结

本章主要介绍建筑设计表达类型和一些常用方法，主要有建筑设计的手绘表达、建筑设计的模型表达以及建筑设计的计算机表达。

本章的重点是建筑手绘表达和模型表达方法。

# 思 考 题

1. 为什么要进行建筑设计的表达？它有怎样的特点？
2. 建筑图纸内容主要有哪些？
3. 选取一个建筑作品的立面，运用彩铅、钢笔、水彩等表现形式，进行表达和对比。
4. 常用的建筑模型制作工具有哪些？
5. 选取大师作品，尝试制作其建筑模型。

# 参 考 文 献

[1] [英]杰弗里·马克斯. 建筑概论[M]. 程玺,等译. 北京:电子工业出版社,2011.

[2] [英]德里克·奥斯伯恩. 建筑导论[M]. 任宏,向鹏成,译. 重庆:重庆大学出版社,2008.

[3] 徐苏斌. 近代中国建筑学的诞生[M]. 天津:天津大学出版社,2010.

[4] [德]沃尔夫·劳埃德. 建筑设计方法论[M]. 孙彤宇,译. 北京:中国建筑工业出版社,2012.

[5] 罗文媛. 建筑设计初步[M]. 北京:清华大学出版社,2005.

[6] 田学哲,郭逊. 建筑初步[M]. 北京:中国建筑工业出版社,2010.

[7] 彭一刚. 建筑空间组合论[M]. 北京:中国建筑工业出版社,2008.

[8] 过伟敏,刘佳. 基本空间设计[M]. 武汉:华中科技大学出版社,2011.

[9] [美]爱德华·艾伦. 建筑初步[M]. 刘晓光,等译. 北京:知识产权出版社,2003.

[10] 程大锦. 建筑:形式、空间和秩序[M]. 天津:天津大学出版社,2005.

[11] 黎志涛. 建筑设计方法[M]. 北京:中国建筑工业出版社,2010.

[12] 罗玲玲. 建筑设计创造能力开发教程[M]. 北京:中国建筑工业出版社,2003.

[13] [日]宫元健次. 建筑造型分析与实例[M]. 卢春生,译. 北京:中国建筑工业出版社,2007.

[14] 顾琛,李蔚,傅彬. 节奏空间探究[M]. 武汉:湖北人民出版社,2012.

[15] 季翔. 建筑视知觉[M]. 北京:中国建筑工业出版社,2011.

[16] 褚冬竹. 开始设计[M]. 北京:机械工业出版社,2011.

[17] 杨金鹏,曹颖. 建筑设计起点与过程[M]. 武汉:华中科技大学出版社,2009.

[18] [美]豪·鲍克斯. 像建筑师那样思考[M]. 姜卫平,唐伟,译. 济南:山东画报出版社,2009.

[19] [英]布莱恩·劳森. 设计师怎样思考:解密设计[M]. 杨小东,段炼,译. 北京:机械工业出版社,2008.

[20] [英]赫曼·赫茨伯格. 建筑学教程1:设计原理[M]. 仲德崑,译. 天津:天津大学出版社,2003.

[21] [美]爱德华·T·怀特. 建筑语汇[M]. 林敏哲,林明毅,译. 大连:大连工学院出版社,2001.

[22] 詹和平. 空间[M]. 南京:东南大学出版社,2006.

[23] [美]肯特·C·布鲁姆,查尔斯·W·摩尔. 身体,记忆与建筑:建筑设计的基本原则和基本原理[M]. 成朝晖,译. 杭州:中国美术学院出版社,2008.

[24] [美]威廉·纳纳·考迪尔,威廉·麦瑞威则·潘娜,保罗·肯农. 建筑与你:如何体验与享受建筑[M]. 戴维平,译. 上海:同济大学出版社,2012.

[25] [荷]伯纳德·卢本. 设计与分析[M]. 林尹星,薛皓东,译. 天津:天津大学出版社,2010.

[26] 布正伟. 结构构思论:现代建筑创作结构运用的思路与技巧[M]. 北京:机械工业出版社,2006.

[27] 郑琪. 基本概念体系——建筑结构基础[M]. 北京:中国建筑工业出版社,2005.

[28] 柳孝图. 建筑物理环境与设计[M]. 北京:中国建筑工业出版社,2008.

[29] 郝峻弘. 房屋建筑学[M]. 北京:清华大学出版社,北京交通大学出版社,2010.

[30] 赵云铮,孙世钧,方修建. 建筑安全学概论[M]. 哈尔滨:哈尔滨工业大学出版社,2006.

[31] 林宪德. 绿色建筑[M]. 北京:中国建筑工业出版社,2011.

[32] 王立雄. 建筑节能[M]. 北京:中国建筑工业出版社,2009.

[33] 孙茹雁,乌尔夫·赫斯特曼. 节能建筑从欧洲到中国[M]. 南京:东南大学出版社,2011.

[34] 刘加平. 建筑物理[M]. 北京:中国建筑工业出版社,2009.

[35] 杨维菊. 建筑构造设计(下册)[M]. 北京:中国建筑工业出版社,2005.

[36] 聂洪达,郜恩田. 房屋建筑学[M]. 北京:北京大学出版社,2007.

[37] 沈克宁. 建筑类型学与城市形态学[M]. 北京:中国建筑工业出版社,2010.

［38］［日］芦原义信．外部空间的设计［M］．尹培桐，译．北京：中国建筑工业出版社，1985.

［39］［日］志水英树．建筑外部空间［M］．张丽丽，译．北京：中国建筑工业出版社，2002.

［40］［美］凯文•林奇．城市意象［M］．方益萍，等译．北京：华夏出版社，2001.

［41］王受之．水晶城：历史中建构未来［M］．北京：东方出版社，2006.

［42］钟训正．建筑画环境表现与技法［M］．北京：中国建筑工业出版社，2004.

［43］同济大学建筑系建筑设计基础教研室．建筑形态设计基础［M］．北京：中国建筑工业出版社，2011.

［44］［美］诺曼•克罗，保罗•拉索．建筑师与设计师视觉笔记［M］．吴宇江，刘晓明，译．北京：中国建筑工业出版社，1999.

［45］［美］诺曼•克罗，保罗•拉索．图解思考：建筑表现技法［M］．邱贤丰，等译．北京：中国建筑工业出版社，2002.

［46］孙澄宇．数字化建筑设计方法入门［M］．上海：同济大学出版社，2012.

［47］周立军．建筑设计基础［M］．哈尔滨：哈尔滨工业大学出版社，2008.

# 北京大学出版社土木建筑系列教材(已出版)

| 序号 | 书名 | 主编 | 定价 | 序号 | 书名 | 主编 | 定价 |
|---|---|---|---|---|---|---|---|
| 1 | *房屋建筑学(第3版) | 聂洪达 | 56.00 | 53 | 特殊土地基处理 | 刘起霞 | 50.00 |
| 2 | 房屋建筑学 | 宿晓萍 隋艳娥 | 43.00 | 54 | 地基处理 | 刘起霞 | 45.00 |
| 3 | 房屋建筑学(上:民用建筑)(第2版) | 钱 坤 | 40.00 | 55 | *工程地质(第3版) | 倪宏革 周建波 | 40.00 |
| 4 | 房屋建筑学(下:工业建筑)(第2版) | 钱 坤 | 36.00 | 56 | 工程地质(第2版) | 何培玲 张 婷 | 26.00 |
| 5 | 土木工程制图(第2版) | 张会平 | 45.00 | 57 | 土木工程地质 | 陈文昭 | 32.00 |
| 6 | 土木工程制图习题集(第2版) | 张会平 | 28.00 | 58 | *土力学(第2版) | 高向阳 | 45.00 |
| 7 | 土建工程制图(第2版) | 张黎骅 | 38.00 | 59 | 土力学(第2版) | 肖仁成 俞 晓 | 25.00 |
| 8 | 土建工程制图习题集(第2版) | 张黎骅 | 34.00 | 60 | 土力学 | 曹卫平 | 34.00 |
| 9 | *建筑材料 | 胡新萍 | 49.00 | 61 | 土力学 | 杨雪强 | 40.00 |
| 10 | 土木工程材料 | 赵志曼 | 38.00 | 62 | 土力学教程(第2版) | 孟祥波 | 34.00 |
| 11 | 土木工程材料(第2版) | 王春阳 | 50.00 | 63 | 土力学 | 贾彩虹 | 38.00 |
| 12 | 土木工程材料(第2版) | 柯国军 | 45.00 | 64 | 土力学(中英双语) | 郎煜华 | 38.00 |
| 13 | *建筑设备(第3版) | 刘源全 张国军 | 52.00 | 65 | 土质学与土力学 | 刘红军 | 36.00 |
| 14 | 土木工程测量(第2版) | 陈久强 刘文生 | 40.00 | 66 | 土力学试验 | 孟云梅 | 32.00 |
| 15 | 土木工程专业英语 | 霍俊芳 姜丽云 | 35.00 | 67 | 土工试验原理与操作 | 高向阳 | 25.00 |
| 16 | 土木工程专业英语 | 宿晓萍 赵庆明 | 40.00 | 68 | 砌体结构(第2版) | 何培玲 尹维新 | 26.00 |
| 17 | 土木工程基础英语教程 | 陈 平 王凤池 | 32.00 | 69 | 混凝土结构设计原理(第2版) | 邵永健 | 52.00 |
| 18 | 工程管理专业英语 | 王竹芳 | 24.00 | 70 | 混凝土结构设计原理习题集 | 邵永健 | 32.00 |
| 19 | 建筑工程管理专业英语 | 杨云会 | 36.00 | 71 | 结构抗震设计(第2版) | 祝英杰 | 37.00 |
| 20 | *建设工程监理概论(第4版) | 巩天真 张泽平 | 48.00 | 72 | 建筑抗震与高层结构设计 | 周锡武 朴福顺 | 36.00 |
| 21 | 工程项目管理(第2版) | 仲景冰 王红兵 | 45.00 | 73 | 荷载与结构设计方法(第2版) | 许成祥 何培玲 | 30.00 |
| 22 | 工程项目管理 | 董良峰 张瑞敏 | 43.00 | 74 | 建筑结构优化及应用 | 朱杰江 | 30.00 |
| 23 | 工程项目管理 | 王 华 | 42.00 | 75 | 钢结构设计原理 | 胡习兵 | 30.00 |
| 24 | 工程项目管理 | 邓铁军 杨亚频 | 48.00 | 76 | 钢结构设计 | 胡习兵 张再华 | 42.00 |
| 25 | 土木工程项目管理 | 郑文新 | 41.00 | 77 | 特种结构 | 孙 克 | 30.00 |
| 26 | 工程项目投资控制 | 曲 娜 陈顺良 | 32.00 | 78 | 建筑结构 | 苏明会 赵 亮 | 50.00 |
| 27 | 建设项目评估 | 黄明知 尚华艳 | 38.00 | 79 | *工程结构 | 金恩平 | 49.00 |
| 28 | 建设项目评估(第2版) | 王 华 | 46.00 | 80 | 土木工程结构试验 | 叶成杰 | 39.00 |
| 29 | 工程经济学(第2版) | 冯为民 付晓灵 | 42.00 | 81 | 土木工程试验 | 王吉民 | 34.00 |
| 30 | 工程经济学 | 都沁军 | 42.00 | 82 | *土木工程系列实验综合教程 | 周瑞荣 | 56.00 |
| 31 | 工程经济与项目管理 | 都沁军 | 45.00 | 83 | 土木工程CAD | 王玉岚 | 42.00 |
| 32 | 工程合同管理 | 方 俊 胡向真 | 23.00 | 84 | 土木建筑CAD实用教程 | 王文达 | 30.00 |
| 33 | 建设工程合同管理 | 余群舟 | 36.00 | 85 | 建筑结构CAD教程 | 崔钦淑 | 36.00 |
| 34 | *建设法规(第3版) | 潘安平 肖 铭 | 40.00 | 86 | 工程设计软件应用 | 孙香红 | 39.00 |
| 35 | 建设法规 | 刘红霞 柳立生 | 36.00 | 87 | 土木工程计算机绘图 | 袁 果 张渝生 | 28.00 |
| 36 | 工程招标投标管理(第2版) | 刘昌明 | 30.00 | 88 | 有限单元法(第2版) | 丁 科 殷水平 | 30.00 |
| 37 | 建设工程招投标与合同管理实务(第2版) | 崔东红 | 49.00 | 89 | *BIM应用:Revit建筑案例教程 | 林标锋 | 58.00 |
| 38 | 工程招投标与合同管理(第2版) | 吴 芳 冯 宁 | 43.00 | 90 | *BIM建模与应用教程 | 曾浩 | 39.00 |
| 39 | 土木工程施工 | 石海均 马 哲 | 40.00 | 91 | 工程事故分析与工程安全(第2版) | 谢征勋 罗 章 | 38.00 |
| 40 | 土木工程施工 | 邓寿昌 李晓目 | 42.00 | 92 | 建设工程质量检验与评定 | 杨建明 | 40.00 |
| 41 | 土木工程施工 | 陈泽世 凌平平 | 58.00 | 93 | 建筑工程安全管理与技术 | 高向阳 | 40.00 |
| 42 | 建筑工程施工 | 叶 良 | 55.00 | 94 | 大跨桥梁 | 王解军 周先雁 | 30.00 |
| 43 | *土木工程施工与管理 | 李华锋 徐 芸 | 65.00 | 95 | 桥梁工程(第2版) | 周先雁 王解军 | 37.00 |
| 44 | 高层建筑施工 | 张厚先 陈德方 | 32.00 | 96 | 交通工程基础 | 王富 | 24.00 |
| 45 | 高层与大跨建筑结构施工 | 王绍君 | 45.00 | 97 | 道路勘测与设计 | 凌平平 余婵娟 | 42.00 |
| 46 | 地下工程施工 | 江学良 杨 慧 | 54.00 | 98 | 道路勘测设计 | 刘文生 | 43.00 |
| 47 | 建筑工程施工组织与管理(第2版) | 余群舟 宋会莲 | 31.00 | 99 | 建筑节能概论 | 余晓平 | 34.00 |
| 48 | 工程施工组织 | 周国恩 | 28.00 | 100 | 建筑电气 | 李 云 | 45.00 |
| 49 | 高层建筑结构设计 | 张仲先 王海波 | 23.00 | 101 | 空调工程 | 战乃岩 王建辉 | 45.00 |
| 50 | 基础工程 | 王协群 章宝华 | 32.00 | 102 | *建筑公共安全技术与设计 | 陈继斌 | 45.00 |
| 51 | 基础工程 | 曹 云 | 43.00 | 103 | 水分析化学 | 宋吉娜 | 42.00 |
| 52 | 土木工程概论 | 邓友生 | 34.00 | 104 | 水泵与水泵站 | 张 伟 周书葵 | 35.00 |

| 序号 | 书名 | 主编 | 定价 | 序号 | 书名 | 主编 | 定价 |
|---|---|---|---|---|---|---|---|
| 105 | 工程管理概论 | 郑文新　李献涛 | 26.00 | 130 | *安装工程计量与计价 | 冯　钢 | 58.00 |
| 106 | 理论力学(第2版) | 张俊彦　赵荣国 | 40.00 | 131 | 室内装饰工程预算 | 陈祖建 | 30.00 |
| 107 | 理论力学 | 欧阳辉 | 48.00 | 132 | *工程造价控制与管理(第2版) | 胡新萍　王　芳 | 42.00 |
| 108 | 材料力学 | 章宝华 | 36.00 | 133 | 建筑学导论 | 裘　鞠　常　悦 | 32.00 |
| 109 | 结构力学 | 何春保 | 45.00 | 134 | 建筑美学 | 邓友生 | 36.00 |
| 110 | 结构力学 | 边亚东 | 42.00 | 135 | 建筑美术教程 | 陈希平 | 45.00 |
| 111 | 结构力学实用教程 | 常伏德 | 47.00 | 136 | 色彩景观基础教程 | 阮正仪 | 42.00 |
| 112 | 工程力学(第2版) | 罗迎社　喻小明 | 39.00 | 137 | 建筑表现技法 | 冯　柯 | 42.00 |
| 113 | 工程力学 | 杨云芳 | 42.00 | 138 | 建筑概论 | 钱　坤 | 28.00 |
| 114 | 工程力学 | 王明斌　庞永平 | 37.00 | 139 | 建筑构造 | 宿晓萍　隋艳娥 | 36.00 |
| 115 | 房地产开发 | 石海均　王　宏 | 34.00 | 140 | 建筑构造原理与设计(上册) | 陈玲玲 | 34.00 |
| 116 | 房地产开发与管理 | 刘　薇 | 38.00 | 141 | 建筑构造原理与设计(下册) | 梁晓慧　陈玲玲 | 38.00 |
| 117 | 房地产策划 | 王直民 | 42.00 | 142 | 城市与区域规划实用模型 | 郭志恭 | 45.00 |
| 118 | 房地产估价 | 沈良峰 | 45.00 | 143 | 城市详细规划原理与设计方法 | 姜　云 | 36.00 |
| 119 | 房地产法规 | 潘安平 | 36.00 | 144 | 中外城市规划与建设史 | 李合群 | 58.00 |
| 120 | 房地产测量 | 魏德宏 | 28.00 | 145 | 中外建筑史 | 吴　薇 | 36.00 |
| 121 | 工程财务管理 | 张学英 | 38.00 | 146 | 外国建筑简史 | 吴　薇 | 38.00 |
| 122 | 工程造价管理 | 周国恩 | 42.00 | 147 | 城市与区域认知实习教程 | 邹　君 | 30.00 |
| 123 | 建筑工程施工组织与概预算 | 钟吉湘 | 52.00 | 148 | 城市生态与城市环境保护 | 梁彦兰　阎　利 | 36.00 |
| 124 | 建筑工程造价 | 郑文新 | 39.00 | 149 | 幼儿园建筑设计 | 龚兆先 | 37.00 |
| 125 | 工程造价管理 | 车春鹏　杜春艳 | 24.00 | 150 | 园林与环境景观设计 | 董　智　曾　伟 | 46.00 |
| 126 | 土木工程计量与计价 | 王翠琴　李春燕 | 35.00 | 151 | 室内设计原理 | 冯　柯 | 28.00 |
| 127 | 建筑工程计量与计价 | 张叶田 | 50.00 | 152 | 景观设计 | 陈玲玲 | 49.00 |
| 128 | 市政工程计量与计价 | 赵志曼　张建平 | 38.00 | 153 | 中国传统建筑构造 | 李合群 | 35.00 |
| 129 | 园林工程计量与计价 | 温日琨　舒美英 | 45.00 | 154 | 中国文物建筑保护及修复工程学 | 郭志恭 | 45.00 |

标*号为高等院校土建类专业"互联网+"创新规划教材。

　　如您需要更多教学资源如电子课件、电子样章、习题答案等，请登录北京大学出版社第六事业部官网 www.pup6.cn 搜索下载。

　　如您需要浏览更多专业教材，请扫下面的二维码，关注北京大学出版社第六事业部官方微信（微信号：pup6book），随时查询专业教材、浏览教材目录、内容简介等信息，并可在线申请纸质样书用于教学。

　　感谢您使用我们的教材，欢迎您随时与我们联系，我们将及时做好全方位的服务。联系方式：010-62750667，donglu2004@163.com，pup_6@163.com，lihu80@163.com，欢迎来电来信。客户服务 QQ 号：1292552107，欢迎随时咨询。